決定版

# 日本のカモ
## 識別図鑑

An Identification Guide
to the Ducks of Japan

日本産カモの全羽衣をイラストと写真で詳述

氏原巨雄・氏原道昭 著

# はじめに

　冬の水辺を代表する鳥、カモ。カモメも冬の水辺で群れが見られるが、その場所は海辺、またはそれに準ずるところに限られる。ある程度の広さの水面さえあれば、街中の池、河川、山間地、海辺など、どこでも群れで見られるカモは、やはり冬の水辺を代表する鳥といえる。

　カモの観察を始め、最初に眼を惹かれ、その名前を覚えるのが、彩り豊かで冠羽や飾り羽など、特徴的な羽を具えた♂で、次に、その傍らにいる、色味が乏しく地味な♀が気になり、その識別に挑戦することになる。♀もひと通りわかるようになると、多くの人は、それでカモの識別はひとまず卒業ということになるようだ。シギ・チドリやカモメでは当然のごとく識別されている幼鳥の存在は、ほとんど忘れ去られている。というのも、少し前までの図鑑で説明されているカモは♂♀の成鳥のみで、幼鳥の識別には全く無頓着であったことが影響していると思う。最近は幼鳥を取り上げた図鑑も出てきたが、ほんの一部の幼鳥に限られ、その識別も的確とは言えない。

　カモは成鳥♂♀、♂エクリプス、♂♀の幼鳥など、さまざまな羽衣の個体が混然一体となって群れをつくっている。成鳥と異なり幼鳥はその種の特徴をわかりやすくは具えていなくて、また外見はその種として不完全で中途半端に見える。そのため雑種と間違えられたり、他の種と誤認されたりする。カモの識別を正確にするには、幼鳥を知ることが不可欠だと思う。

　私たちが日本産カモの全羽衣を詳しく解説した図鑑を作ろうと思い立ったのは、最初の本、『カモメ識別ガイド』（文一総合出版）の出版より前、1990年頃のこと。その数年後、当時わが国でも屈指のカモ観察地として有名だった上野不忍池で、のちに上野動物園の園長となられた小宮輝之さんとカモを観察しながら、カモの図鑑を作る夢をお話しした記憶がある。

　しかしその後、他の鳥の本の執筆に追われ、カモの図鑑は後回しになったまま25年が経過してしまった。その25年間も、カモの観察は途切れることなく継続していたわけで、結果として膨大な蓄積が出来た。今回、誠文堂新光社さんにお願いして出版を引き受けていただき、長年の夢が実現できることになった。これまでの膨大な蓄積を、この図鑑にすべて詰め込むつもりで原稿を作り上げた。

　カモは観察のしやすさから、野鳥観察入門に最も適したグループだと思う。また深く掘り下げて♂♀、エクリプス、成鳥、幼鳥の違いなどじっくり観察するのにも適している。この図鑑は日本産カモ全種のすべての羽衣を、イラストと写真の両面から詳しく解説しているので、入門から年齢識別まで、カモ観察に幅広く役立つものになっていると思う。この図鑑で、種の識別だけでなく、年齢識別を楽しむという、新しいカモ観察のスタイルが定着するといいと思う。

　この本を出版できるまでには多くの方の力添えがあった。特に私を鳥類画家の道に引き入れていただいた柳澤紀夫先生には深く感謝いたします。また、野外の観察で足りない部分を補い、知見を広げる機会を与えていただいた井の頭自然文化園分園の飼育スタッフの方々に感謝します。

氏原巨雄

- はじめに .................... 2
- Index ....................... 4
- この図鑑の使い方 ........... 16
- 用語解説 ................... 18
- 各部位の名称 ............... 20
- 換羽と各羽衣の特徴 ......... 22
- 水面採餌ガモ♀の生殖羽と非生殖羽 ... 24
- カモ類の色彩異常 ........... 26
- カモ観察の手引 ............. 27

## 水面採餌ガモ ........................ 31

## 潜水採餌ガモ ........................ 165

- 参考文献 ................... 301
- 索引 ....................... 302

ブックデザイン ……… 齋藤知恵子（sacco）

# 水面採餌ガモ♂

多：多い　普：普通　少：少ない　稀：まれ　迷：迷鳥

**リュウキュウガモ** p.32
独特の形態で、頸と足が長い。よく立ち気味の姿勢をとる。迷

**ツクシガモ** p.34
黒、白、赤に明確に区分けされた色彩。嘴のこぶ状の突起。少

**アカツクシガモ** p.39
ガンとカモの中間的形。全体に濃い橙色。黒い首輪。稀

**カンムリツクシガモ**
p.41
（絶滅種）

**オシドリ** p.42
極彩色の派手なカモ。三列風切の銀杏羽が特徴。普

**ナンキンオシ** p.49
頭部がおもに白色。全体に黒と白に色分けされ、嘴は小さめ。迷

**オカヨシガモ** p.51
灰色みが強く体後部が黒い。翼鏡は白く雨覆はえんじ色。少

**ヨシガモ** p.58
頭は緑と赤紫で後頭の羽毛は長い。鎌状の三列風切。普

**ヒドリガモ** p.65
頭部は額から頭頂がクリーム色で他は赤茶色。体はおもに灰色で後部は黒。多

**アメリカヒドリ** p.72
眼の後方から頭後かけ緑色帯。体はおもに葡萄色で後部は黒色。稀

**マガモ** p.82
頭が緑で嘴が黄色。白い首輪。中央尾羽が丸く巻き上がる。多

**アカノドカルガモ** p.89
カルガモに似るが嘴が青灰色で顔は橙褐色。カルガモより体が淡色。迷

**カルガモ** p.90
顔が淡色で他は黒褐色。嘴が黒く、先だけ黄色。多

**ミカヅキシマアジ** p.97
眼の前方に白く大きい三日月状斑。迷

**ハシビロガモ** p.103
大きく平べったい嘴。緑光沢の頭。白い胸に赤茶色の脇と腹。普

**オナガガモ** p.110
チョコレート色の頭に。黒くて長い中央尾羽。胸の白色が目立つ。多

**シマアジ** p.117
白く太い眉斑が後頭に伸びる。三色の長い肩羽。少

**トモエガモ** p.124
巴模様の顔。長い肩羽。体の2本の白線が目立つ。少

**コガモ** p.131
緑と栗色の頭。体には地面に水平な白線がある。多

**アメリカコガモ** p.138
白線は胸と脇の境にあり、頭部の緑帯周囲の淡色線は不明瞭。稀

# 水面採餌ガモ ♀

多：多い　普：普通　少：少ない　稀：まれ　迷：迷鳥

**リュウキュウガモ** p.32
頸と足が長い。よく立ち気味の姿勢をとる。迷

**ツクシガモ** p.34
黒、白、赤に明確に区分けされた配色。先が反り上がった嘴。少

**アカツクシガモ** p.39
濃い橙色の体。顔は淡色。♀は黒い首輪がない。稀

**カンムリツクシガモ** p.41
（絶滅種）

**オシドリ** p.42
頭は灰色。眼の周囲が白く、後方に白線。脇の羽には丸い白斑がある。普

**ナンキンオシ** p.49
平らな頭頂。全体にや♂より褐色みがあり、過眼線が目立つ。迷

**オカヨシガモ** p.51
マガモにやや似るが小さい。白い翼鏡。嘴は上が黒色で側面が橙色。普

**ヨシガモ** p.58
顔は灰褐色で目立つ模様はない。嘴と足は灰黒色。嘴はやや細長い。普

**ヒドリガモ** p.65
頭部は過眼線などなく一様に褐色。嘴は短く青灰色で先が黒い。多

**アメリカヒドリ** p.72
ヒドリガモに似ているが頭に茶色みがなく灰白色。嘴基部に黒斑。稀

**マガモ** p.82
嘴は橙色で上辺に黒色がある。体は全体にカルガモより茶褐色みが強い。多

**アカノドカルガモ** p.89
嘴は青黒色。顔は橙褐色。体はカルガモより淡色。迷

**カルガモ** p.90
嘴が黒く先だけ黄色。顔だけが淡色で体は大部分黒褐色。多

**ミカヅキシマアジ** p.97
シマアジのような頬線がなく眼の周りが白い。嘴基部に接して白斑がある。迷

**ハシビロガモ** p.103
平べったく大きい嘴で、他の♀との識別は簡単。普

**オナガガモ** p.110
顔に目立つ模様は一切ない。頸、尾羽が長め。多

**シマアジ** p.117
顔に過眼線と頬線の2本の線がある。嘴基部に接して丸い白斑。少

**トモエガモ** p.124
嘴基部に接して丸い白斑。喉も白く、白色は頬に喰い込む。少

**コガモ** p.131
ヨシガモよりふた回り小さい。顔は過眼線以外に目立つ模様がなく一様。多

**アメリカコガモ** p.138
コガモに似るが最外三列風切の黒条で識別可能。シマアジ似の顔の模様。稀

# 水面採餌ガモ♂ 飛翔

多：多い　普：普通　少：少ない　稀：まれ　迷：迷鳥

**リュウキュウガモ** p.32
飛翔時、足が尾羽より先に出るのは日本産で本種のみ。迷

**ツクシガモ** p.34
飛翔はアカツクシガモに似ている。白い尾羽の先に黒帯。少

**アカツクシガモ** p.39
雨覆の白色が目立ち、他は暗色。深くゆったりとした羽ばたき。稀

**オシドリ** p.42
翼上面は一様に暗色に見え目立つ淡色部はない。普

**ナンキンオシ** p.49
暗色の翼に幅広い白色帯が目立つ。迷

**オカヨシガモ** p.51
翼鏡の白色と黒色が特徴。次いで雨覆のえんじ色が目立つ。普

**ヨシガモ** p.58
翼は次列風切のみ暗色で、他は灰白色が主。普

**ヒドリガモ** p.65
翼前面の白色部。翼下面に目立つ白色部がない。多

**アメリカヒドリ** p.72
翼前面の大きな白色部。腋羽が白いことでヒドリガモと識別。稀

**マガモ** p.82
前後を白色帯に挟まれた青い翼鏡。幅広い翼で、比較的ゆっくり羽ばたく。多

**アカノドカルガモ** p.89
カルガモによく似た翼のパターン。橙褐色の顔の色が特徴。迷

**カルガモ** p.90
翼上面は青い翼鏡と三列風切の白色が目立つ。多

**ミカヅキシマアジ** p.97
ハシビロガモに似た翼上面。顔の三日月状の白斑で他種との識別は容易。迷

**ハシビロガモ** p.103
翼前縁の大きな水色部。嘴が大きく、飛翔時、翼より前が長く見える。普

**オナガガモ** p.110
頸、尾羽が長く飛翔形は細長い印象が強い。多

**シマアジ** p.117
翼上面が他の種より淡色。翼下面前縁が幅広く暗色。少

**トモエガモ** p.124
前を橙褐色帯、後ろを幅広い白色帯に囲まれた緑の翼鏡。少

**コガモ** p.131
速い羽ばたきで群れて飛ぶ。翼上面の淡色帯は外側ほど幅広く特徴的。多

**アメリカコガモ** p.138
コガモに似るが、翼上面の淡色帯が細く、橙褐色に強く色付く。稀

# 水面採餌ガモ♀ 飛翔

多:多い　普:普通　少:少ない　稀:まれ　迷:迷鳥

**リュウキュウガモ** p.32
飛翔時、足が尾羽より先に出るのは日本産で本種のみ。迷

**ツクシガモ** p.34
飛翔はアカツクシガモに似ている。白い尾羽の先に黒帯。少

**アカツクシガモ** p.39
雨覆の白色が目立ち、他は暗色。深くゆったりとした羽ばたき。稀

**オシドリ** p.42
翼上面は一様に暗色に見え目立つ淡色部はない。普

**ナンキンオシ** p.49
♂のような幅広い白帯はない。迷

**オカヨシガモ** p.51
翼鏡の白色で他種と識別できる。普

**ヨシガモ** p.58
大雨覆の一本の白色帯が目立つ。普

**ヒドリガモ** p.65
他種の♀より全体に橙褐色みがある。多

**アメリカヒドリ** p.72
大雨覆の白色帯と腋羽の白色はヒドリガモとの識別点。稀

**マガモ** p.82
青い翼鏡とそれを挟む2本の白色帯が特徴。多

**アカノドカルガモ** p.89
カルガモに似るが、赤っぽい顔が特徴。嘴も異なり青灰色。迷

**カルガモ** p.90
大雨覆に白色帯がある個体がいるが、マガモより幅が狭い。多

**ミカヅキシマアジ** p.97
翼上面はハシビロガモに似るが、翼下面は前縁が暗色の帯となる。迷

**ハシビロガモ** p.103
灰色みを帯びた青の雨覆が特徴。飛翔時も嘴の大きさが目立つ。普

**オナガガモ** p.110
他種より飛翔時の形は細長く見える。多

**シマアジ** p.117
翼鏡を挟む2本の白色帯。下面は前縁に幅広い暗色帯。少

**トモエガモ** p.124
翼鏡を挟む淡色帯は、前が橙褐色で後ろは幅広い白色。少

**コガモ** p.131
大雨覆の淡色帯は幅広く外寄りが広い。後縁の白色帯は狭い。多

**アメリカコガモ** p.138
大雨覆の淡色帯はコガモより狭く、橙褐色に強く色付く。後縁の白色帯は幅広い傾向が強い。稀

# 潜水採餌ガモ♂

**ホシハジロ** p.171
赤褐色の頭に、黒・灰色・黒の体。黒い嘴の中程に幅広い青灰色の帯。多

**オオホシハジロ** p.177
ホシハジロより長大な体と首。黒く長い嘴。体の灰色は淡い。稀

**アメリカホシハジロ** p.183
額が高く丸い頭。橙黄色の虹彩。ほぼ基部まで青灰色の嘴。体の灰色は濃い。迷

**アカハシハジロ** p.166
赤褐色の頭と赤い嘴。灰褐色の背。胸から腹、尾筒までつながる黒。稀

**アカハジロ** p.188
緑光沢の頭とあずき色の胸。脇に白い食い込み。白い虹彩と下尾筒。稀

**メジロガモ** p.193
アカハジロより小柄。頭から胸、脇まで赤褐色。白い虹彩と下尾筒。

**スズガモ** p.210
額の出た丸い頭部。青灰色の太い嘴。背・肩羽は白地に黒い波状斑。多

**コスズガモ** p.217
スズガモより小柄で後頭部が尖る。嘴先端の黒斑が小さい。稀

**キンクロハジロ** p.203
房状の長い冠羽。黒い体上面と白い脇。嘴先端の黒斑はスズガモより広い。多

**クビワキンクロ** p.197
嘴に独特の模様。後頭部が尖る。背は黒く、脇が灰色。肩に白色部が食い込む。稀

**コケワタガモ** p.223
白い顔と灰色の嘴。後頭部に瘤状の羽。黒い首輪状の模様。橙色の体下面。稀

**ケワタガモ** p.226
赤い嘴の基部に黄色い大きな瘤。青灰色の後頭部。黒い肩羽と脇。迷

**ホンケワタガモ** p.229
黄色い嘴。サングラス状の黒色部。白い体上面と黒い体下面。迷

**メガネケワタガモ** p.233
大きな眼鏡をかけたような独特の模様。体上面は白く、胸から腹は黒い。未

多：多い 普：普通 稀：まれ 迷：迷鳥 未：日本未記録

**アラナミキンクロ** p.240
ほぼ全身黒色で、額と後頸に白斑。嘴の基部側面に独特の模様。稀

**ビロードキンクロ** p.244
額が低く面長。嘴に瘤状突起。嘴の外縁は黄色。眼の下に三日月状の白斑。白い次列風切。普

**アメリカビロードキンクロ** p.245, 247, 249
ビロードキンクロより額が角張る。嘴は瘤状突起が低く、外縁はピンク。脇は褐色。稀

**ニシビロードキンクロ** p.245, p.247
頭は丸みが強い。嘴の淡色部は黄色で、鼻孔より大きく後ろに食い込む。基部の瘤は小さい。迷

**クロガモ** p.250
全身黒色。嘴基部は黄色く瘤状に盛り上がる。多

**シノリガモ** p.235
青灰色・白・黒・赤褐色の独特の配色。普

**コオリガモ** p.255
白い頭と耳羽周辺の大きな黒斑。嘴にピンクの帯。長い中央尾羽。普（北海道）

**ヒメハジロ** p.260
短く灰色の嘴。後頭部と首から腹、雨覆は白色。額と顔の下部に虹色の光沢。稀

**ホオジロガモ** p.264
おむすび型の頭部。眼先下に丸い白斑。肩羽は白地に黒線。普

**キタホオジロガモ** p.269
前頭部が高く、眼先下に半月状の白斑。肩羽は黒地に白斑が並ぶ。迷

**ミコアイサ** p.272
全身ほぼ白色で眼の周囲が黒くパンダのような顔。普

**オウギアイサ** p.277
細く黒い嘴。扇形に開く白い後頭部。赤褐色の脇。迷

**カワアイサ** p.280
細長く赤い嘴。後頭部が出っ張るが冠羽はない。脇は白色で無地。普

**ウミアイサ** p.286
細long く赤い嘴。ボサボサした冠羽。黄褐色の胸。波状斑に覆われる脇。普

**コウライアイサ** p.291
細長く赤い嘴。長い冠羽。脇一面に黒く細い鱗模様。稀

# 潜水採餌ガモ♀

**ホシハジロ** p.171
おむすび型の頭部。頬線のある顔の模様。体は灰色がかる。 多

**オオホシハジロ** p.177
ホシハジロより大型で淡色。嘴・首・体が長い。嘴は常に黒い。 稀

**アメリカホシハジロ** p.183
スズガモに似た丸い頭。体は褐色。頬線が目立たない。嘴のパターンもホシハジロと異なる。 迷

**アカハシハジロ** p.166
顔の下半分が灰白色。クロガモに似るが嘴はやや長く華奢。灰白色の翼帯がある。 稀

**アカハジロ** p.188
♂に似た配色で虹彩は暗色。嘴基部の顔面に丸い褐色斑が出ることが多い。 稀

**メジロガモ** p.193
♂に似た配色で虹彩は暗色。嘴基部の顔面に丸い褐色斑が出ることが多い。 稀

**スズガモ** p.210
丸い頭部と嘴基部を囲む白色部。虹彩は黄色。体は波状斑により灰色がかる。 多

**コスズガモ** p.217
スズガモに似るが小さく、後頭部が尖る。体はキンクロハジロより淡色。 稀

**キンクロハジロ** p.203
スズガモより小さく、後頭部に冠羽があり、体上面は黒っぽい。 多

**クビワキンクロ** p.197
嘴の先端寄りに白帯。後頭部が尖り、目の周囲と嘴基部の周辺に白色部。 稀

**コケワタガモ** p.223
腹部も含めて全身暗褐色で、頭部にも目立つ模様はない。灰色の嘴。翼鏡の前後に白線。 稀

**ケワタガモ** p.226
ずんぐりした体形で、褐色の地に黒い斑紋。嘴は灰黒色で裸出部が額に食い込む。 迷

**ホンケワタガモ** p.229
ケワタガモより大型。額が低く、面長な独特の顔つき。脇の斑紋はより線状に流れる。 迷

**メガネケワタガモ** p.233
眼鏡のような顔の模様。嘴は基部が羽毛に覆われ、裸出部は狭い。 未

多：多い　普：普通　稀：まれ　迷：迷鳥　未：日本未記録

**アラナミキンクロ**　p.240
嘴基部の裸出部は、口角から垂直に切り立つ。頭部はビロードキンクロより角張る、次列風切は白くない。稀

**ビロードキンクロ**　p.244
全身黒褐色。次列風切が白い。顔に2つの丸い白斑が出るものから出ないものまでいる。普

**アメリカビロードキンクロ**　p.245, p.247
ビロードキンクロより頭が角張り、嘴峰の裸出部が短いが、識別はかなり難しい。稀

**ニシビロードキンクロ**　p.245, p.247
頭は丸みが強く、嘴基部の裸出部の境界線は、口角から急勾配で鼻孔付近に向かう。迷

**クロガモ**　p.250
全身黒褐色で顔の下半分は灰白色。嘴は黒色、または一部が黄色い。目立つ翼帯はない。多

**シノリガモ**　p.235
頭は丸く灰色の嘴は短い。全身暗褐色で、眼先の上下と耳羽に白斑。翼帯はない。普

**コオリガモ**　p.255
顔は白っぽく、耳羽に丸く大きな黒斑。脇や腹は白い。普（北海道）

**ヒメハジロ**　p.260
小柄で、頭は丸く嘴は小さい。頬に大きな白斑。稀

**ホオジロガモ**　p.264
頭頂が高い褐色の頭。白〜黄色の虹彩。嘴は黒く先端が橙色。普

**キタホオジロガモ**　p.269
ホオジロガモより前頭部が高い。嘴はより短い。迷

**ミコアイサ**　p.272
赤褐色の頭部と白い頬。灰色の短い嘴。中・小雨覆は白い。普

**オウギアイサ**　p.277
赤褐色で扇状の冠羽。嘴は細く基部が黄色い。迷

**カワアイサ**　p.280
嘴は赤く細長い。赤褐色の頭部と白い頸の境界が明瞭。普

**ウミアイサ**　p.286
嘴は赤く細長い。頭部と首の色の境は不明瞭。普

**コウライアイサ**　p.291
嘴は赤く細長い。脇は白地に黒の明瞭な鱗模様。カワアイサより小柄で細身。稀

# 潜水採餌ガモ♂ 飛翔

**ホシハジロ** p.171
翼上面は風切も含めて灰色。多

**オオホシハジロ** p.177
ホシハジロより大柄で首が長く、灰色部は淡い。胸の黒色部は左右の2種より狭い。稀

**アメリカホシハジロ** p.183
ホシハジロより灰色部は濃い。胸の黒色部は広く、翼の下により深く食い込む。迷

**アカハシハジロ** p.166
灰白色の幅広い翼帯がある。稀

**アカハジロ** p.188
白く幅広い翼帯がある。稀

**メジロガモ** p.193
白く幅広い翼帯がある。稀

**スズガモ** p.210
次列風切から初列風切にかけて白い翼帯がある。多

**コスズガモ** p.217
白い翼帯は次列風切に限られ、初列風切は灰色。稀

**キンクロハジロ** p.203
次列風切から初列風切にかけて白い翼帯がある。多

**クビワキンクロ** p.197
次列風切から初列風切にかけて灰色の翼帯がある。稀

**コケワタガモ** p.223
雨覆が白く、次列風切も先端が幅広く白い。ケワタガモと異なり、腹は黒くない。稀

**ケワタガモ** p.226
翼上面は黒っぽく、中・小雨覆が白い。脇と腹は黒色で、腰の両脇に大きな白斑。迷

**ホンケワタガモ** p.229
ケワタガモに似るが、中・小雨覆だけでなく背・肩羽も白い。迷

**メガネケワタガモ** p.233
ホンケワタガモに似るが、体下面の黒色部は胸の上部まで広がる。未

多：多い　普：普通　稀：まれ　迷：迷鳥　未：日本未記録

**アラナミキンクロ** p.240
全身一様な黒色。ビロードキンクロより頭が大きくずんぐりした印象。稀

**ビロードキンクロ** p.244
全身黒色だが、次列風切と大雨覆先端が白くて非常に目立つ。普

**クロガモ** p.250
全身黒色だが、初列風切は内弁が灰色でやや目立ち、最外側羽（p10）が細くてやや短い。多

**シノリガモ** p.235
翼上面は小さな白斑がある以外ほぼ一様に暗色。肩羽には大きな白いパッチがある。普

**コオリガモ** p.255
翼上面は一様に黒褐色で、肩羽は淡い灰色。中央尾羽が長い。普（北海道）

**ヒメハジロ** p.260
小柄でコンパクトな体型。雨覆から次列風切につながる大きな白色部が目立ち、パターンはホオジロガモに似る。稀

**ホオジロガモ** p.264
雨覆から次列風切につながる大きな白色部が目立つ。普

**キタホオジロガモ** p.269
翼上面の白色部は、♂成鳥でも大雨覆基部の黒線で二分されている。肩羽の白色部は点線状。迷

**ミコアイサ** p.272
雨覆に大きな白いパッチ。大雨覆と次列風切先端にも白帯。普

**オウギアイサ** p.277
中・小雨覆に灰色のパッチ。次列風切は白黒の縞状。迷

**カワアイサ** p.280
翼上面は雨覆から次列風切まで及ぶ大きな白色部が目立つ。普

**ウミアイサ** p.286
翼上面の白色部は2本の黒線で区切られている。普

**コウライアイサ** p.291
翼上面の白色部は2本の黒線で区切られ、カワアイサよりウミアイサに似ている。稀

# 潜水採餌ガモ♀ 飛翔

**ホシハジロ** p.171
翼上面は風切も含めて灰色。 多

**オオホシハジロ** p.177
ホシハジロより大柄で首が長く、全体に淡色傾向。 稀

**アメリカホシハジロ** p.183
ホシハジロに似る。成鳥でも雨覆が暗色傾向で、灰色の翼帯との対比が目立つ。 迷

**アカハシハジロ** p.166
灰白色の幅広い翼帯がある。 稀

**アカハジロ** p.188
白く幅広い翼帯があるが、♂より初列風切が灰褐色がかる。 稀

**メジロガモ** p.193
白く幅広い翼帯があるが、♂より初列風切が灰褐色がかる。 稀

**スズガモ** p.210
次列風切から初列風切にかけて白い翼帯がある。 多

**コスズガモ** p.217
白い翼帯は次列風切に限られ、初列風切は灰色。 稀

**キンクロハジロ** p.203
次列風切から初列風切にかけて白い翼帯がある。 多

**クビワキンクロ** p.197
次列風切から初列風切にかけて灰色の翼帯がある。 稀

**コケワタガモ** p.223
翼鏡を挟むように2本の太い白帯がある。コガモも似たパターンなので注意。 稀

**ケワタガモ** p.266
コケワタガモより明るい赤褐色。大雨覆に細い白線がある。 迷

**ホンケワタガモ** p.229
ケワタガモよりさらに大型で全体に長い体型。 迷

**メガネケワタガモ** p.233
眼鏡状の顔のパターンが特徴的。翼のパターンは左2種に概ね似る。 未

多：多い　普：普通　稀：まれ　迷：迷鳥　未：日本未記録

**アラナミキンクロ** p.240
全身黒褐色で翼も一様に暗色。ビロードキンクロより頭が大きくずんぐりした印象。稀

**ビロードキンクロ** p.244
全身黒褐色だが、次列風切と大雨覆先端が白くて非常に目立つ。普

**クロガモ** p.250
翼上面は黒褐色だが、初列風切内弁が灰色で多少目立つ。最外側羽（p10）がやや短い。多

**シノリガモ** p.235
翼上面は一様に黒褐色。顔の前半部の上下と耳羽に白斑。普

**コオリガモ** p.255
翼上面は一様に黒褐色で脇は白い。顔は白地に黒斑。普（北海道）

**ヒメハジロ** p.260
小柄で、黒っぽい翼に次列風切の白色部が目立つ。頬に丸く大きな白斑。稀

**ホオジロガモ** p.264
3段に区切られる白色部が特徴。普

**キタホオジロガモ** p.269
ホオジロガモに似るが白色部が狭く、中雨覆付近が二重黒線に見える。迷

**ミコアイサ** p272
雨覆に大きな白いパッチ。大雨覆と次列風切先端にも白帯。普

**オウギアイサ** p.277
中・小雨覆は灰黒色。次列風切は白黒の縞状。迷

**カワアイサ** p.280
中・小雨覆は灰色。大雨覆と次列風切が白い。普

**ウミアイサ** p.286
翼のパターンは概ねカワアイサに似るが、灰色部はより暗色。普

**コウライアイサ** p.291
左2種に概ね似る。中・小雨覆はやや淡い灰色。稀

# この図鑑の使い方

**構成** この図鑑は、日本で見られるカモ類の種の識別にとどまらず、年齢や性別に至るさらに一歩進んだ詳しい識別の手ほどきとなることを目指して構成されている。巻頭には初心者にも使いやすいようにIndexページを設け、すべての種の♂♀のイラストの一覧と簡単な解説によって、まず大まかな目星をつけられるように工夫した。そこから各種のページに進むと、解説・分布図、イラストページ、写真ページと続き、多角的に詳しく識別のノウハウを学べる構成となっている。前半に水面採餌ガモ類、後半に潜水採餌ガモ類を配置し、さらにそれぞれの末尾では雑種を取り上げた。また♀や幼鳥の識別が特に難しいコガモとアメリカコガモ、ヒドリガモとアメリカヒドリについては、両種を比較しながら識別を詳しく取り上げるページを特別に設けた。

**掲載種** 日本国内に生息、または観察例があると思われるカモ類46種に、絶滅種のカンムリツクシガモ、及び未記録のメガネケワタガモを加えた48種。その他に未記録のアカシマアジ、ニシクロガモ、アメリカオシ、家禽のバリケンについても簡単に触れた。

**❶分類** IOC World Bird List (v5.2) に準拠した。

**❷解説** 大きさ、特徴、分布・生息環境・習性、鳴き声の4項目を順に解説し、その後に各年齢・性別の特徴と識別を詳しく解説した。イラストと写真を豊富に使用していることもあり、色や形を順にすべて説明することは避け、特に目を引く特徴や、他の種や羽衣との区別に特に重要な特徴に焦

点を当てた解説を心がけた。

❸**分布図** 日本周辺だけでなくその種が分布する地域すべてをカバーし、繁殖分布を黄色、越冬分布を水色、周年見られる地域を緑色で示した。例外として複数の種や亜種を併載した分布図でも、赤やピンク色といった暖色を繁殖分布に、青や紫といった寒色を越冬分布に割り当てた。

❹**イラスト** ♂♀・生殖羽・エクリプス・幼羽・換羽中のもの、飛翔図など、できるだけ多くのバリエーションを掲載するように努め、国内で繁殖するものについては雛の図版も加えた。また外国人読者にも最低限の情報を提供できるよう、各羽衣のキャプションは日本語（例：生殖羽）の後に英語の略号（例：br.）も付記した。重要な特徴には引き出し線をつけて解説を加え、より具体的に識別を学べるようにした。なお、一枚のイラストにより多くの情報を盛り込むため、雨覆や翼鏡が見える状態を描いているものが多いが、実際の野外観察ではこれらの部分は肩羽と脇羽に完全に隠されて見えないことも多いので、この点には特に留意してご覧いただきたい。また、個体差や換羽過程などをすべて表現することは不可能なので、A図とB図の中間であればどう見えるか？といった想像力・応用力も適宜使いながらご覧いただきたい。

❺**写真** 写真についても♂♀、年齢、翼のパターンなど、できるだけ多くの情報を盛り込むように努め、必要に応じて部分同士の比較写真なども掲載し、重要な着目点などについて改めて解説を加えた。また各写真には、撮影年月日と都道府県名および市区町村名を付記している。これらも識別を考える上で重要な情報になることが多々あるので、実際の観察の参考にする際には是非注意してご覧いただきたい。

# 用語解説

**種（しゅ）** 生物分類の基本単位。多数の概念・定義があるが、「実際に、そして可能性も含めて互いに交配できる集団であり、そして他の同様な集団とは生殖的に隔離されているもの」というE.マイヤーによる生物学的種概念が最もよく知られている。

**亜種（あしゅ）** 種の一つ下の分類単位。同じ種の中に、地域によって大きさ、形態、羽色などに差異がある個体群を亜種として区別することがある。後年の研究の進展によって別種とされたり、逆に亜種を区別しなくなったりする場合もある。

**羽衣・羽装（うい・うそう）** 体に生えている羽毛全体を指し、幼羽から成鳥へと成長に伴い段階的に変化していく。成鳥になった後は生殖羽、非生殖羽を交互に繰り返していく。

**雛（ひな）** 孵化後から幼羽が生え揃うまでの個体。カモ類では綿毛のような幼綿羽に覆われている。

**幼羽（ようう）** 孵化後最初に生える正羽で、これが生えそろった段階で飛翔が可能になる。幼羽を纏った個体もこの図鑑では幼羽と表す。

**幼鳥（ようちょう）** 幼羽が生え揃ってから成鳥になる前の段階の個体全般を指す。この図鑑では幼羽を纏った幼鳥については「幼羽」とのみ表記し、幼鳥は主にそれ以降の成鳥に達しない段階の個体を広く指す語として使用した。一般には若鳥という語もよく使われるが、この図鑑では幼鳥に統一した。

**第1回非生殖羽（だいいっかいひせいしょくう）** 生まれた年に幼羽の次の換羽で得られる羽衣で、鳥類全般に広く使われる第1回冬羽と同義。色彩は生殖羽より地味で♀やエクリプスに似る。第2幼羽と呼ばれることもあるが、幼羽とは形状や模様が異なる場合が多いことなどから、この図鑑では第1回非生殖羽の表記を採用した。この羽衣が見られる範囲は種や個体によりさまざまで、例えばホオジロガモなどでは体羽の広範囲がこの羽に換羽するが、オナガガモなど多くの種で、幼羽の次にこの羽衣があまり明確に現れないまま第1回生殖羽に換羽する例が多く見られる。

**第1回生殖羽（だいいっかいせいしょくう）** 生まれた年の冬から春にかけて得られる、最初の繁殖に関わる羽衣。この時期に成鳥の生殖羽に近い外観になるものから、一部にしか現れず一見♀に似るものまで、種や個体によりさまざま。

**成鳥（せいちょう）** 幼鳥に対する用語で、これ以上成長による羽衣の変化が起こらなくなった年齢の個体。この図鑑では特に年齢の指定のないものは原則として成鳥を指すものとする。

**生殖羽（せいしょくう）** 繁殖羽ともいい、繁殖に関わる羽毛。つがい形成期や繁殖期の羽衣で、♂のほうが色彩豊かで、飾り羽を生ずる種もいる。♀も非生殖羽より色味を増すものが多い。

**非生殖羽（ひせいしょくう）** 非繁殖羽ともいい、繁殖とは関わりない羽毛。カモ類のエクリプス、カモ類以外の多くの鳥類における冬羽がこれに該当する。

**エクリプス** 普通カモ類の♂に使われる用語で、繁殖期の終盤より、♀にアピールするための派手で目立つ羽衣から、♀のような地味で目立たない羽衣に換わる。この羽衣、またはこの羽衣の個体をエクリプスと呼ぶ。実質的にはカモ類以外の鳥類の冬羽や非生殖羽と同じものだが、カモ類に関しては見られる時期が夏〜秋ということもあって特別にこう呼ばれている。

**サブエクリプス** ハシビロガモでよくいわれる状態。エクリプスから生殖羽に換わる途中、エクリプス羽でも生殖羽でもない羽

毛が一部現れている状態。サプリメンタリーともいう。この時期はエクリプス羽とサブエクリプスの羽と生殖羽の3種の羽が混在している。

**夏・冬（なつ・ふゆ）** カモ類以外の鳥類では夏羽・冬羽という語が広く使われ、これらはそれぞれ生殖羽・非生殖羽に該当する。しかしカモ類では冬季に生殖羽（＝夏羽）が見られるため混乱が生じやすい。この図鑑では主に潜水採餌ガモ類で夏・冬という表記を多く使用したが、これらは夏＝夏羽＝生殖羽・冬＝冬羽＝非生殖羽の意味ではなく、それぞれ単に夏季に見られる状態、冬季に見られる状態を指す語として使用した。1年目冬などの幼鳥に関する表記も同様で、この中には第1回非生殖羽と第1回生殖羽が混在するような状態も含まれる。これらも含めて第1回冬羽とする方法もあるが、冬羽という語は非生殖羽のイメージが強いため、この図鑑では代わりに1年目冬の表記を使用した。

**縦斑（じゅうはん）** 体の軸に平行な斑。

**横斑（おうはん）** 体の軸に直角に現れる斑。

**波状斑（はじょうはん）** 波のようなうねりを伴った斑。♂の生殖羽に多く見られ、その現れる代表的な部位は脇、肩羽など。

**換羽（かんう）** 古い羽毛が抜けて、新しく生え換わること。

**冠羽（かんう）** 頭部に見られる冠状の羽毛。冠羽がある代表的なカモとしてオシドリ、ヨシガモ、キンクロハジロ、ウミアイサなどがある。

**体上面、体下面（たいじょうめん、たいかめん）** 翼の基部を境として、体の背側が上面、腹側が下面。

**体羽（たいう）** 翼や尾羽などを除く体に生えている羽。

**翼帯（よくたい）** 翼の先と基部を結ぶ線上に現れる帯状の模様。その幅や色彩がしばしば種や年齢識別の手がかりとなる。

**翼鏡（よくきょう）** 次列風切の光沢がある目立つ色彩の部分。種の識別にしばしば用いられる。

**越冬（えっとう）** 冬の期間留まり過ごすこと。

**越夏（えっか）** 広義には夏を過ごすことだが、ほとんどが冬鳥である日本のカモ類については、本来繁殖地に向かうはずの個体が、何らかの理由で越冬地または経由地に繁殖期に留まることを指す場合が多い。翼を痛めて日本に留まる個体がよく見られ、また繁殖しない若い鳥が留まることもある。

**冬鳥（ふゆどり）** 秋に日本に渡来して冬を過ごし、春に再び日本より北の地域へ戻って繁殖する種。日本に渡来するカモ類の大半がこれに該当する。

**迷鳥（めいちょう）** 本来の分布域と異なる地域に、渡りのルートから大幅にそれて迷ってきた鳥。

**留鳥（りゅうちょう）** 同一地域に年中いて、季節的な移動を行わない鳥。カルガモなど。

**旅鳥（たびどり）** 繁殖地と越冬地を往復する途中に立ち寄る鳥。代表的なカモはシマアジ。

**全長（ぜんちょう）** 鳥を上向きに寝かせ、嘴の先から尾の先までを測った長さ。

**翼開長（よくかいちょう）** 左右の翼を真っ直ぐ開き、先から先までを測った長さ。

**最外三列風切（さいがいさんれつかざきり）** この図鑑では三列風切の次列風切と接する羽を表す。静止時は三列風切の最下部に位置する。種や♂♀の識別に役立つことがある。

# 各部位の名称

# 換羽と各羽衣の特徴

カモ類の孵化から成鳥までの羽衣、換羽について飼育下のヨシガモ♂を例に示した。

**♂第1幼綿羽**　2013年6月23日
孵化後1日目の雛。卵は約25日で孵化するが、カモの雛は早成性で、孵化時、短い第1幼綿羽に全身覆われている。

**♂第2幼綿羽**　2013年7月14日
孵化後22日目の雛。第1幼綿羽から、より長い第2幼綿羽に換羽している。このあと幼羽が生え始め、幼羽が生え揃うと初めて飛べるようになる。

**♂幼羽**　2013年8月18日
孵化後57日目の幼羽。幼羽の羽衣の特徴は、各羽が小さく、先が尖り気味なことがあげられる。フィールドの観察で最もその特徴が確認しやすい個所に、胸から腹にかけての斑点と脇の羽がある。次いで肩羽もあげられる。三列風切は短め。条件が良ければ観察できる幼羽の特徴に、尾羽先端のV字状の切れ込みがある。

**♂第1回非生殖羽**　2013年10月6日
孵化後106日目。胸の羽の一部を幼羽より大きい羽に換羽しているのが目に付く。完全な幼羽の期間は短く、数週間で第1回非生殖羽への換羽が始まる。この換羽は部分的なもので、わかりやすい部分として胸の羽などがあげられる。ただしこの換羽は個体差が大きく、幼羽を比較的長く保持する個体も見られる。

換羽と各羽衣の特徴

**♂第1回生殖羽**　2014年5月18日
孵化後330日目の第1回生殖羽。第1回非生殖羽のあと、秋から春にかけて第1回生殖羽に換羽していく。雨覆は褐色みが強い幼羽のままなので、灰白色の成鳥と識別できる。成鳥に比べ胸、肩、脇の斑が部分的にやや粗くなったり、褐色みを帯びたりすることがある。ヨシガモ第1回生殖羽の雨覆は個体差が大きく、かなり成鳥に近い灰色の個体もいる。

**♂第1回生殖羽から第2回非生殖羽（エクリプス）**　2014年7月6日
孵化後379日。雨覆は幼羽のままなので成鳥と区別できる。第1回生殖羽から第2回非生殖羽への換羽は風切を含む完全換羽。この換羽で幼羽は消失し、成鳥の♂エクリプスと区別がつかなくなる。

**♂生殖羽**　2011年3月4日
エクリプス羽を10月頃から生殖羽に換羽を始め、6月頃まで生殖羽で過ごす。その後毎年エクリプス、生殖羽の換羽を繰り返す。

**♂エクリプス**　2010年10月14日
繁殖のための派手で目立つ生殖羽を、7月頃から地味で目立ちにくいエクリプス羽に換羽を始め、10月頃までエクリプスの個体が見られる。エクリプスの時期は種によって異なり、オカヨシガモは6月から8月頃、マガモは6月から9月頃、コガモは6月から10月頃、オナガガモは7月から9月頃、ヒドリガモは6月から10月頃、シマアジは6月から2月頃。エクリプスは同時期に見られる幼羽に比べ、各羽が大きく先端は丸みが強い。

# 水面採餌ガモ♀の生殖羽と非生殖羽

**ハシビロガモ♀非生殖羽**　2007年10月28日 東京都三鷹市

**ハシビロガモ♀生殖羽**　2012年4月8日 千葉県市川市

水面採餌ガモ♀はこれまで生殖羽と非生殖羽が区別されることはなく、図鑑等でも♀成鳥として掲載されるのが普通だった。しかし、♀は♂ほどではなくても明らかに生殖羽と非生殖羽では羽衣が異なるので、この図鑑では両羽衣を個別にはっきり分けて掲載した。秋、ほぼ非生殖羽で渡来し、その後、目立つ部分では肩羽、脇などを徐々に換羽し、春までに三列風切を換羽して生殖羽への換羽が完了する。種によってその時期に遅速はあるし、個体差もある。

両羽衣の違いは全種に共通した特徴がみられる。非生殖羽は色味が乏しく、生殖羽のほうは橙褐色みや薄橙色みが強く、明るい色調になる。それは背、肩羽、脇羽、三列風切などの羽縁の橙褐色みが強くなり、幅広くなることによる。最も両羽衣の違いがわかりやすい羽が三列風切で、非生殖羽は雄の三列風切に似ているが、生殖羽では一部の例外を除き橙褐色や薄橙色の斑が現れる。

# 水面採餌ガモ♀の三列風切

オカヨシガモ非生殖羽
10月28日

オカヨシガモ生殖羽
6月2日

ヨシガモ非生殖羽
12月17日

ヨシガモ生殖羽
6月23日

ヒドリガモ非生殖羽
1月23日

ヒドリガモ生殖羽
3月4日

アメリカヒドリ非生殖羽
2月3日

アメリカヒドリ生殖羽
1月19日

マガモ非生殖羽
12月1日

マガモ生殖羽
7月14日

カルガモ非生殖羽
11月27日

カルガモ生殖羽
4月28日

ハシビロガモ非生殖羽
1月8日

ハシビロガモ生殖羽
3月18日

オナガガモ非生殖羽
12月17日

オナガガモ生殖羽
2月24日

シマアジ非生殖羽
2月19日

シマアジ生殖羽
4月28日

トモエガモ非生殖羽
1月8日

トモエガモ生殖羽
6月7日

コガモ非生殖羽
1月23日

コガモ生殖羽
4月7日

## カモ類の色彩異常

　カモ類を含む鳥類の中には、全身または一部が白い個体、時には普通黒いはずの嘴が赤い個体などの色彩異常が稀に見られることある。これらは一般に見た目の色彩から、白変、バフ変、部分白変などと呼ばれることが多いが、近年より専門的には、エウメラニンとフェオメラニンという2種類のメラニンの欠乏もしくは質的・量的な低下等のパターンによって、6種類ほどに細かく分類している文献もある。それらを野外で常に正確に見分けるのは困難と思われるが、いずれにしても雑種や雄化も含めたどの羽衣にも当てはまらない変わった色彩のカモ類を見かけた際には、こうした色彩異常の可能性を視野に入れてその正体を推測してみるとよい。なお全身白色で虹彩が赤いことで知られるアルビノは、野外で長く生き残るのは難しいと言われていて、実際筆者らもアルビノと思われるカモ類を野外で観察した経験はない。以下の4例もすべてアルビノではない色彩異常個体だ。

キンクロハジロ♂　2007年11月3日東京都台東区

オナガガモ♀　2014年1月22日東京都台東区

キンクロハジロ　1992年11月5日東京都台東区

ホシハジロ♀　1990年代（日付不詳）東京都台東区

## 野外で観察される家禽

　カモ類の観察では、捨てられたり逃げ出したりして野外に住み着いた家禽類が初心者を悩ませることがある。その中の筆頭はマガモを原種とするアヒルやアイガモ（p.88も参照）で、次いで南米産のノバリケンを原種とするバリケンがよく見られる。

バリケン *Cairina moschata* var. *domestica*
頭の割に長い体と赤い顔の皮膚が特徴。
2015年1月17日 アメリカ・ロサンゼルス

アヒル *Anas platyrhynchos* var.*domesticus*　マガモより大きく、尻が大きく翼が小さい。2009年12月9日 神奈川県横浜市

# カモ観察の手引

■ カモ観察の時期

　カモ観察の適期は、カモが日本に越冬のためやって来る冬期であることはいうまでもないが、関東南部を例に挙げると、渡来が早いマガモ、コガモが来るのが9月中頃。オナガガモ、ヨシガモ、ヒドリガモなどが本格的に渡って来るのが10月上旬頃。春になると、渡去の早いオナガガモが旅立つのが3月上旬。渡去の遅いコガモは4月いっぱい見られる。このことから、10月初旬から4月中旬頃までがカモ観察の適期といっていいだろう。以前よくいわれていた、カモの♂が綺麗になる12月頃からが適期、というのは遅すぎる。エクリプス、幼鳥は換羽が進む前の渡来直後の早い時期ほど観察しやすい。

■ カモの観察場所

**都市公園の池**　狩猟圧のない街中の公園では、カモは安心して過ごすことができ、餌を与える人もいることから、人慣れしていて近い距離から観察できる。都市公園の池で見られるおもなカモはオナガガモ、ヒドリガモ、ハシビロガモ、マガモ、キンクロハジロ、ホシハジロなど。（写真は東京都清澄庭園）

**お濠**　東京の皇居、大阪の大阪城、福岡の舞鶴公園など外濠の水面はカモの絶好の越冬地となっている。皇居の外濠ではヨシガモ、オカヨシガモ、ヒドリガモ、ハシビロガモ、コガモ、キンクロハジロ、ホシハジロなどが観察できる。　（写真は皇居 桜田濠）

**河川**　河川はカモの重要な越冬場所となっていて、多種のカモを観察することができる。ヒドリガモは河川を代表するカモで大群が見られる。コガモも多い。他にヨシガモ、オカヨシガモなど。比較的自然度が高い河川ではカワアイサも見られる。また、河口部ではスズガモ、ホシハジロ、キンクロハジロなどが多い。（写真は川崎市 多摩川中流）

カモ観察の手引

**小河川・水路** 街中のコンクリートで固められた小さな川にも数種のカモが越冬している。コガモはこういう場所に好んで入って来る。10羽から50羽程度の小さな群れでいることが多い。オナガガモとカルガモも同じ場所によくいる。またマガモが少数いることがある。（写真は横浜市 あざみ野）

**田園地帯の池沼、湖** ハクチョウの餌付けがされている場所にはオナガガモが多くいる。キンクロハジロ、ホシハジロやマガモ、ヒドリガモもいる。大きな池沼にはトモエガモ、ミコアイサの群れがいるところもある。（写真は栃木県 羽田沼）

**内湾** 湾奥部の海面には潜水採餌ガモの大群が浮かんで休んでいることがある。スズガモの大群に混じってビロードキンクロ、ホオジロガモ、ウミアイサなどが見られる。海藻類を食べるヒドリガモ、ヨシガモの群れがいることもある。（写真は千葉県 浦安市）

**外海** 外洋に面した港、浜などでは、波間に浮かぶ潜水採餌ガモの海ガモ類を見ることができる。クロガモ、ビロードキンクロに混じって稀にアラナミキンクロなどが見られることもある。岩礁地帯やテトラポットではシノリガモが見られる。また北海道ではコオリガモが多い。（写真は千葉県 長生郡）

## ■水面採餌ガモと潜水採餌ガモ

カモ類は水面採餌ガモと潜水採餌ガモという2つのグループに大別される。以前は淡水ガモ、海ガモと表現されていたが、海ガモでも淡水を好む種がいるし、海に浮かぶ淡水ガモの姿もよく見られるということで、採餌方法の違いで表わす水面採餌ガモと潜水採餌ガモという表現が一般的になっている。最近は採餌を採食という言い方もされている。採餌方法も絶対というわけではなく、ほとんどの水面採餌ガモはまれに潜水採餌をするし、水面採餌をする潜水採餌ガモも珍しくない。

水面採餌ガモは足が体のほぼ中央にあり、バランスが良く、歩行が安定している。陸に上がって歩きながら餌を採る姿もよく見られる。潜水採餌ガモは足がより体の後部にあるため体が立ち気味になってしまい、歩行はあまり得意ではない。

水面採餌ガモ
（トモエガモ）

潜水採餌ガモ
（シノリガモ）

飛び立つ時、水面採餌ガモは翼で水面をたたき、水掻きで強く蹴ってそのまま上に飛び立つ。潜水採餌ガモは大きな水掻きで水面を蹴りながら羽ばたいて、助走しながら飛び立つ。

水面採餌ガモの直接飛び立ち（ヨシガモ）

潜水採餌ガモの助走飛び立ち（スズガモ）

## ■カモの見方、識別のポイント

♂生殖羽はそれぞれの種独特の色、模様、形を具えているので識別はあまり難しくない。エクリプス、♀、幼鳥の識別は、観察を繰り返し、経験を積むことで、少しずつ識別のコツが掴めてくる。慣れれば幼鳥でも、細部に着目しなくても、羽衣全体を見て即座に幼鳥とわかるほどになるはずだ。一つの識別点のみで判断せず、必ず複数の識別点が合っているかを確認し、全体を総合して判断すると間違いが少なくなる。

## ■状況による見え方の違い

下はホオジロガモ♂成鳥、同一個体の2枚の写真。左は海面に浮いている普通の状態で、おむすびのような頭の形。潜水前後は頭の羽毛を寝かせ、右のような頭頂が平べったい形になる。左の状態では頭が上下

カモ観察の手引

に膨張しているため、嘴は細く感じる。右は逆に頭高が低くなった分、嘴が大きいように感じる。

下はコガモ♀生殖羽、同一個体の2枚の写真。慣れないと体型が全く違う別個体のように見えるかもしれない。左は羽毛を寝かせていて、スリムで細長く見え、形はオナガガモに似ている。右は羽毛をやや膨らませていて、こちらのほうが本来のコガモのイメージに近い。

あるいは、緑色部のある個体とない個体、と捉える人もいるかもしれない。左は肩羽と脇の羽で雨覆、翼鏡を覆ってしまっている状態。右は肩羽と脇の羽の間が開いて、雨覆と翼鏡の緑色が見えている状態。雨覆と翼鏡は識別の重要なポイントとなることが多いので、カモの観察では、肩羽と脇の間に隙間ができるのを辛抱強く待つことがしばしばある。

右は同日に撮影したキンクロハジロ♂成鳥2個体の写真。キンクロハジロの頭部の光沢は一般に図鑑では紫色と書かれているが、野外で実際観察すると、緑色光沢も見られる。多くのカモの頭の色は構造色なので、光の当たり方でこのような変化が起きる。コスズガモも紫光沢とされるが、特に順光下では緑色光沢が明確に現れる。スズガモは逆に緑光沢とされるが、特に斜光〜逆光時に紫光沢が現れる。翼鏡も構造色なのでこのような変化が現れる。

秋、カモが渡来し始めた頃によく目に付くのが、顔から胸、腹にかけ赤錆色の個体。特に幼鳥に多く見られる。これはこの個体本来の色ではなく、鉄分を含む水で染まったもの。尾羽を含めて、水に浸かる部位だけが色付いているのがわかる。これから冬にかけ換羽するに従い、パッチ状に本来の白い羽毛が現れてくる。

# 水面採餌ガモ

氏原巨雄

# リュウキュウガモ

*Dendrocygna javanica*
Lesser Whistling Duck

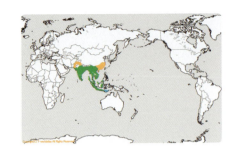

■**大きさ** 38cm～40cm。■**特徴** コガモよりわずかに大きく、頸と足が長い独特の形をした小型のカモ。地上ではよく直立気味の姿勢をとる。眼は大きく、嘴と足は灰黒色。飛翔時は脚が尾羽より先に常に越えて出る。これは日本産カモの中で本種だけの特徴。飛翔時、翼は幅広く見え、雨覆のえんじ色が目立つ。♂♀羽衣の違いはあまりない。■**分布・生息環境・習性** かつては琉球列島に生息していたが、1963年の慶良間諸島での記録以来確実な記録は途絶えている。湿地、湖沼、マングローブの林がある河川などに棲み、おもに植物食で水生植物、穀物類などを好む。潜水採餌もする。■**鳴き声** ピュル、キュル、チュルなどと聞こえる甲高い声。

■**成鳥** 頭部、頸、体下面はおもに黄土色で、頭頂は黒褐色。腹は橙色みが強い。体上面は紫みを帯びた黒褐色で橙褐色の羽縁が横縞模様を成す。

■**幼羽** 成鳥より色味が乏しく、全体にバフ色みが強い。

**成鳥 ad.** 2007年11月3日 東京都台東区（飼育個体）

**成鳥 ad.** 2014年8月31日 東京都日野市（飼育個体）

**成鳥 ad.** 2013年1月27日 東京都台東区（飼育個体）

# ツクシガモ

*Tadorna tadorna*
Common Shelduck

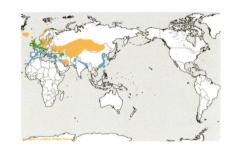

■**大きさ** 全長56cm～65cm。翼開長100cm～133cm。■**特徴** マガモより大きいガンに似た形態の大型のカモ。頭部は横長で大きく、首は長い。嘴は赤くて先が少し反り上がり、足は薄橙色からピンク。黒、白、赤、栗色にはっきり色分けされた配色が美しい。翼鏡は緑色。■**分布・生息環境・習性** おもに冬鳥で数は少ない。九州では比較的多く、有明海を中心に数百羽の大きな群れが見られる。大阪湾で繁殖記録がある。海水域を好み、おもに干潟に棲み、水際などで採餌する。稀に潜水もする。貝など動物食が主で海藻類も食べる。■**鳴き声** ウエッ、またはグウエッという鼻に掛かった声を連続的に速く繰り返す。
■**♂生殖羽** 大きなこぶ状の突起がある鮮やかな赤い嘴が特徴。頭と肩羽は黒くて緑色光沢がある。背から胸の下部にかけて栗色の幅広い帯がある。腹の中央には黒い帯がある。足は濃いピンク。
■**♂エクリプス** 嘴の色は鈍くなり、こぶ状突起は小さくなる。胸と腹の帯は不明瞭になり、体上面、下面に褐色横斑が散在する。
■**♀生殖羽** 嘴は♂同様赤いが、やや鮮やかさを欠き、こぶ状突起はなく、先に黒色部がある。胸の帯は狭く、腹の帯も幅が狭い。羽色はすべて♂より色彩が鈍い。
■**♀非生殖羽** 胸、腹の帯は不明瞭になり、体上面、下面に灰褐色横斑が散在する。顔の嘴基部周囲に白色部が見られる。
■**幼羽** 頭部は大部分暗灰褐色で額から目先、喉にかけて白色が目立つ。嘴はピンク、橙色。足は薄い灰色がかったピンク。肩羽は灰褐色に黒褐色の軸斑がある。脇は白色に灰褐色の軸斑がある。飛翔時翼後縁に白色帯が見られる。
■**♀第1回非生殖羽** 大雨覆が灰褐色。肩羽に擦れた幼羽が残っていることが多い。
■**♂第1回生殖羽** ♂成鳥に似るが、大雨覆が白くないことで区別できる。

ツクシガモ

♂生殖羽 br. 嘴の大きなこぶ状突起が特徴。背から胸にかけて幅広い栗色の帯がある。2015年2月14日 東京都日野市（飼育個体）

♂エクリプス ec. 嘴の色は鮮やかさを欠き、こぶ状突起は小さくなる。栗色の帯も不鮮明になり、黒褐色の横斑が現れる。2014年8月31日 東京都日野市（飼育個体）

♀非生殖羽→生殖羽 non-br.→br. 生殖羽では嘴がもっと赤みを増す。嘴には黒斑がある。2015年2月14日 東京都日野市（飼育個体）

♀非生殖羽 non-br. 全体に色彩の鮮やかさを欠き、背から胸の栗色の帯は不鮮明になる。顔は嘴基部付近を中心に白色部が見られる。2014年8月31日 東京都日野市（飼育個体）

♂第1回生殖羽 1st-br. 肩羽と脇の間に見えている大雨覆が灰黒褐色なので、幼鳥とわかる。2015年2月14日 東京都日野市（飼育個体）

ツクシガモ

♀ **第 1 回非生殖羽→第 1 回生殖羽 1st non-br. →1st br.** 胸の栗色の帯は狭い。三列風切は成鳥より淡い橙色で摩耗している。2014 年 1 月 30 日 大阪府 大谷まち子

♀ **第 1 回非生殖羽→第 1 回生殖羽 1st non-br. →1st-br.** 次列風切先が白く、翼後縁が白色帯になる。胸の栗色の帯は不鮮明。2014 年 1 月 30 日 大阪府 大谷まち子

♀ **第 1 回非生殖羽→第 1 回生殖羽 1st non-br. →1st-br.** 大雨覆が灰黒褐色で翼後縁が白いことで成鳥と区別できる。2014 年 1 月 30 日 大阪府 大谷まち子

♂ **生殖羽 br.** 幼鳥とは、大雨覆が白いこと、翼後縁が白くないことで識別できる。2015 年 2 月 14 日 東京都日野市（飼育個体）

**幼羽 juv.** 第 1 回非生殖羽への換羽が始まっている。2014 年 8 月 31 日 東京都日野市（飼育個体）

**幼羽→第 1 回非生殖羽 juv→1st non-br.** 肩羽、胸など換羽しているのがわかる。2014 年 8 月 31 日 東京都日野市（飼育個体）

# アカツクシガモ

*Tadorna ferruginea*
Ruddy Shelduck

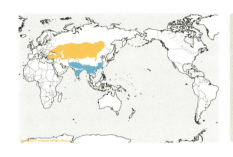

- ■**大きさ** 全長58cm〜70cm。翼開長110cm〜135cm。ツクシガモと同大かわずかに大きい。♂は♀よりやや大きい。
- ■**特徴** ガンとカモの中間的な形態をした大型のカモで、♀♂よく似た羽色をしている。
- ■**分布・生息環境・習性** まれな冬鳥で、西日本のほうで記録が多い。農耕地、埋立地、荒地、湖沼、海岸などに渡来し、雑食性で青草、雑穀やエビ、バッタ、小魚などを食べる。
- ■**鳴き声** 飛びながらアァー、アァーと区切りながら繰り返し鳴く。他にアァァァァァァなど。
- ■**♂生殖羽** ほぼ全身橙褐色で、頭部は淡色。雨覆は白く、橙色を帯びることがある。翼鏡は緑色光沢があり、初列風切、尾羽は黒い。黒い首輪がある。嘴と足は黒い。非生殖羽では黒色首輪は不明瞭になる。
- ■**♀成鳥** ♂とほぼ同じだが、頭部はより淡色で、黒色首輪は見られない。
- ■**幼羽** 紫褐色みが強く、肩羽の軸斑が目立つ。頭部から頸は灰色みがあり頭頂は褐色。大雨覆は成鳥のように白くなく灰褐色。
- ■**幼羽→第1回生殖羽** 大雨覆が灰褐色なことで成鳥と識別できる。羽色に濃淡が見られ継ぎはぎ状に見える。肩羽や脇に褐色みがある幼羽が残っていれば成鳥と区別できる。

♂**成鳥 ad.** 黒い首輪がある。1993年4月15日 東京都三鷹市（飼育個体）

♀**成鳥 ad.** 2002年3月18日 東京都台東区

♀**成鳥 ad.** 2002年3月18日 東京都台東区

♀**成鳥 ad.** 翼上面は雨覆の大きな白色部とその他の黒色部に分かれる。2002年3月18日 東京都台東区

# カンムリツクシガモ（絶滅種）

*Tadorna cristata*
Crested Shelduck

■**大きさ** 全長約64〜70cm。■絶滅したと考えられている。世界に3点の標本が残されているのみ。朝鮮半島、中国東北部、ロシア沿海地方で記録されている。江戸時代の図譜から、日本にも生息していたと思われ、北海道、函館付近で捕獲された♂♀の写生画が残されている。
■**♂成鳥** 眼の周囲から頭頂、後頸にかけて緑色みがある黒色で、後頭は冠羽状になっている。胸、上尾筒、尾羽も黒色。体上面、下面は灰色の地に灰黒色の波状斑がある。後部肩羽と三列風切外縁には暗赤色部があり、下尾筒に橙色部がある。翼鏡は緑で、雨覆は白い。
■**♀成鳥** ♂に似ているが、眼の周りとその後方が白く、体は♂より荒い波状の横斑がある。胸は黒くない。

# オシドリ

*Aix galericulata*
Mandarin Duck

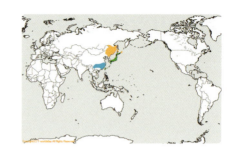

■**大きさ** 全長41cm〜51cm。翼開長65cm〜75cm。■**特徴** 形、色彩とも際立った特徴を持ったカモ。♂の三列風切の銀杏羽は、帆船の帆にも例えられ、このカモの装飾性の高さを示す象徴的な特徴。尾羽は長い。■**分布・生息環境・習性** 留鳥または冬鳥として全国的に生息し、北海道、東北ではほぼ夏鳥。山間の渓流、湖沼などの近くの木の洞で繁殖する。冬は周囲を木々に覆われた池、湖沼、河川に生息し、都市の公園の池でも、同様の条件がそろえば越冬する。おもに植物食で、特にドングリを好んで食べる。水棲の生物も食べる。■**鳴き声** ♂は、細く、かすれていて濁り、金属的な「ビュイー、ビュイー」、高い笛のような「ピュピュピュピュ」。♀は犬のような甲高い「キャッ」、飛びながら繰り返し鳴く「ケーッ、ケーッ、ケーッ」、ニワトリのような「カカカカカ」と一音ずつを短く区切って速く繰り返す声など。

■**♂生殖羽** 極彩色の特徴のある羽衣なので他種との区別は容易。三列風切の内側の一対が銀杏の葉に似た特徴のある銀杏羽を形成する。嘴は赤く嘴爪は白い。足は橙色。

■**♂エクリプス** ♀に似た羽衣になり、生殖羽よりは嘴が汚れた鈍い赤色になる。♀成鳥とは、●嘴が赤いことで識別できる。ただし♀にも稀に全体に赤みが強い個体がいるので要注意。●内側次列風切（翼鏡部）に白斑はないが、♀には内側数枚に白斑がある。●脇の羽の淡色斑は丸くなく、先端はどちらかと言えば角い。♀は淡色斑の先端が丸い。●足は橙色で、♀は灰緑色みがある黄色〜鈍い黄橙色。♂**幼羽**とは、●肩羽は一様な茶褐色で、幼羽のような目立つバフ色の羽縁がない。●雨覆も同様に幼羽のようなバフ色の淡色の羽縁が目立たず一様。●脇の羽は幼羽より丸みがあり、淡色斑も幼羽より幅広いことなどで識別できる。幼羽の淡色斑はごく細い。●幼羽は胸から脇にかけて小斑が整然と密に並び、胸の斑の色は成鳥より褐色で淡い。

■**♂エクリプス→生殖羽** ♂幼羽→第1回生殖羽とは、●肩羽にまだ換羽せず残ったエクリプス羽の羽縁が淡色でなく一様なこと、●同様に雨覆の羽縁が淡色でなく一様なことで区別できる。幼羽は肩羽、雨覆にバフ色の羽縁が目立つ。●脇にまだ換羽せず残るエクリプス羽に丸みがあり、淡色斑が幅広いことなどで区別できる。

■**♂幼羽** ♂エクリプスとの識別は♂エクリプスの項を参照。♀**幼羽**とは、●嘴が赤いことで見分けられる。初期は♀と同じ黒みが勝った色で見分けが難しいが、すぐ赤みがはっきり出てきて区別が付きやすくなる。●内側次列風切（翼鏡内）に白斑はないが、♀幼羽には内側数枚にある。●足は♀よりは明らかに橙色みが強い。♀**成鳥**とは、●体上面は背、肩羽のバフ色の羽縁が目立つこと、●同様に雨覆もバフ色の羽縁が目立つこと、●胸から脇にかけて細かい縦斑が整然と密に並ぶことで見分けられ

る。●脇の羽の淡色斑は細く、線状に見えるが、♀成鳥は太くて先が丸い。●嘴は♀より赤くて、足は橙色みが強い。

■♂幼羽→第1回生殖羽　♂エクリプス→生殖羽との識別は♂エクリプス→生殖羽の項を参照。

■♀成鳥　脇の羽の淡色斑が丸斑なのは♀成鳥だけなので、♂エクリプスや♂、♀の幼羽とは、この淡色斑で識別できる。♂エクリプスとの識別は、♂エクリプスの項を参照。♀幼羽とは、●体上面にバフ色の羽縁が目立たず、一様に茶褐色なこと、●同様に、雨覆にバフ色の羽縁が目立たないことで幼羽と区別できる。●脇の淡色斑が丸いので、細くて直線的な幼羽の淡色斑との違いが明瞭。♂幼羽との識別は♂幼羽の項を参照。

■♀幼羽　♂幼羽との識別は♂幼羽の項を参照。♀成鳥との識別は、♀成鳥の項を参照。

♂生殖羽 br.

♀成鳥 ad.　♀は翼鏡に白斑がある

♂幼羽 juv.　幼羽は各羽にバフ色の羽縁がある

♀幼羽 juv.　♀は翼鏡に白斑がある

［類似種］**アメリカオシ** *Aix sponsa* Wood Duck

　日本での記録はないが、各地の動物園などで飼育されているので、野外に逸出したものが観察される可能性がある。

♂生殖羽 ad.

♀成鳥 ad.

オシドリ

♂生殖羽 br. 極彩色で装飾性の高い姿は、他種と容易に区別できる。2005年11月13日 東京都三鷹市

♂生殖羽 br. 尾羽が長いのがよくわかる。2005年11月3日 神奈川県川崎市

♂エクリプス ec. 嘴が赤い。脇の淡色斑は丸くなく、太い直線状。2013年7月13日 東京都三鷹市

♀成鳥 ad. 脇の淡色斑が丸いのは♀成鳥だけ。嘴基部はピンクみがある。2010年10月14日 東京都三鷹市（飼育個体）

♂幼羽 juv. 背、肩羽のバフ色の羽縁が目立つ。嘴は汚れた感じの赤。2008年7月19日 東京都あきる野市 氏原良子

♀幼羽 juv. 嘴は基部以外は鉛色。2008年7月19日 東京都あきる野市 氏原良子

オシドリ

♂幼羽 juv. 嘴は♂成鳥より鈍い赤。胸の斑は茶色で、成鳥より淡い。脇の淡色斑は細い。翼鏡内に白斑が入らないことでも♀幼羽と区別できる。2013年7月28日 東京都三鷹市（飼育個体）

♀幼羽 juv. 嘴は鉛色で基部はピンク色。脇の淡色斑は成鳥より細く、丸みがない。翼鏡内に白斑が入ることで、♂幼羽と区別できる。2008年7月19日 東京都あきる野市 氏原良子

♂幼羽→第1回生殖羽 juv→1st-br. 肩羽下列、脇上列、胸側などに幼羽が残っている。雨覆の羽先のバフ色が目立つ。2010年10月14日 東京都三鷹市（飼育個体）

♀幼羽→第1回生殖羽 juv→1st-br. 換羽が進行しているが、雨覆羽先のバフ色斑で幼鳥とわかる。2010年10月14日 東京都三鷹市（飼育個体）

♂生殖羽 br. 翼鏡は青緑色。翼鏡に♀のような白斑はない。2013年4月14日 東京都三鷹市（飼育個体）

♀成鳥 ad. 翼鏡に♂には見られない白斑がある。2013年4月14日 東京都三鷹市（飼育個体）

オシドリ

♂**幼羽 juv.** ♀幼羽とは翼鏡に白斑が入らないことで区別できる。2008年7月19日 東京都あきる野市 氏原良子

♀**幼羽 juv.** 嘴の色の違いの他に、翼鏡に白斑が入っていることで♂幼羽と区別できる。2013年7月28日 東京都三鷹市（飼育個体）

**成鳥♂（左）、♀ ad.** 下雨覆が暗色。2010年10月14日 東京都三鷹市

**成鳥♂、♀ ad.（下）** ♀の翼鏡に白斑があるのに注目。2010年10月14日 東京三鷹市

**雛** 孵化当日の雛。2013年6月23日 東京都三鷹市（飼育個体）

**雛** 孵化後13日目の雛。2013年6月23日 東京都三鷹市（飼育個体）

# ナンキンオシ

*Nettapus coromandelianus*
Cotton Pygmy Goose

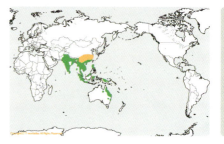

■**大きさ** 全長31cm〜38cm。■**特徴** コガモと同大かやや小さめの小型のカモ。角ばった頭部の形態は特徴的。嘴は短い。■**分布・生息環境・習性** 稀な迷鳥で、長崎県、大阪府、沖縄県、高知県で記録がある。中国南部からパキスタンまでの地域（亜種 *coromandelianus*）とオーストラリア（亜種 *albipennis*）に生息し、淡水の湿地、湖沼、マングローブなどに生息する。おもに植物食で水生植物、種子などを食べる。■**鳴き声** 飛翔時はウェッウェウェウェとカエルのような声で鳴く。♂は「ピー」、あるいは「キー」と金属的な高い声を出す。

■**♂生殖羽** 額から頭頂は黒褐色で、顔から頸が白い。胸に黒い帯があり、体上面は緑、紫光沢がある黒色。脇は灰色の細かい波状斑に覆われる。
■**♂エクリプス** ♀に似た羽衣になるが顔は白みが強く、過眼線は眼の後方のみで、眼先にはない。
■**♀成鳥** ♂より全体に褐色みを帯び、過眼線が明瞭。
■**♂幼鳥** ♂エクリプスに似ているが、過眼線が明瞭に出ていて、初列風切の白色帯は不明瞭で褐色みが強い。
■**幼羽** 全体にバフ色みを帯び、胸から脇に小斑が整然と並ぶ。

♂**生殖羽 br.** 額から頭頂が黒っぽく顔が純白の配色は他のどの種にもない際立った特徴。2015年1月24日 タイ・ブンボラペット 米持千里

♀**成鳥 ad.** 全体に褐色みが強く、過眼線が目立つ。
2015年1月24日 タイ・ブンボラペット 米持千里

♂**エクリプスまたは♂幼鳥 ec. or 1st non-br.** 2015年1月24日 タイ・ブンボラペット 米持千里

# オカヨシガモ

*Anas strepera*
Gadwall

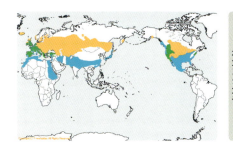

■**大きさ** 全長45cm〜57cm。翼開長78cm〜95cm。■**特徴** マガモより小さく、ヒドリガモよりやや大きい中型のカモ。マガモよりスリムな体型で頭は丸みがあり額が高くなっている。嘴はヒドリガモより細長い。飛翔時は白い翼鏡が目立つ。
■**分布・生息環境・習性** 日本にはおもに冬鳥として渡来するが、北海道、本州で少数が繁殖する。河川、湖沼、池、海岸などで越冬し、通常あまり大きな群れは作らず10羽から50羽ほどのことが多いが、100羽を超えることもある。おもに植物食で植物の種子、水草などを水面で採り、逆立ちをして、頭を水中に突っ込んで餌を採ることも多い。稀に水中に潜って水草を採ることもある。■**鳴き声** ♂は「グェグェ」、あるいは「ウェッウェッ」と、押しつぶしたような濁った声で鳴き、同時に高い笛のような「ピー」という声も出す。♀は「グワッグワッグワッグワッ」とマガモによく似た声で鳴くが、少しトーンが高く軽い声。
■**♂生殖羽** 生殖羽への換羽は水面採餌ガモの中でも特に早く、越冬地に渡来する頃はすでに生殖羽になっていることが多い。他の水面採餌ガモの♂に比べ、灰色主体で地味で落ち着いた配色をしている。頭部は褐色みのある灰色で、ごま塩状の細かな黒褐色斑をちりばめている。頭頂はやや褐色みが強め。嘴は黒色で♀、幼鳥のような橙色部はない。三列風切は灰色で、♀、幼鳥より長く、先端が尖り、やや下方に垂れ下がる。雨覆に♀、♂幼鳥より幅広いえんじ色部がある。頭部の模様は個体差があり、頭頂、頸の茶色みが強く、頸と胸の境が白い首輪状になる個体が稀ではなく見られる。頭部上半分が暗色で、その他の淡色部分とのコントラストが強いもの（アメリカ大陸に多い傾向がある）と全体に灰色でコントラストが弱いもの（ヨーロッパに多い）があり、日本ではどちらも見られる。ただ、これらの頭部の模様は光線状態や、頭部の向きによる見え方の変化が大きい。
■**♂エクリプス** 嘴は♀、幼羽と同じく上辺を除き橙色。♀非生殖羽に比べ、●雨覆のえんじ色部が広範に及ぶ。♀は♂より狭い範囲に限定され、ない場合もある。●肩羽の羽縁や斑が♀ほどは目立たず、体上面がより暗色に見える。●三列風切は♀より淡く灰色みが強い。♂幼羽とは、●雨覆のえんじ色部が広範に及ぶことで識別可能。♂幼羽はえんじ色部が少ない。●胸の斑が幅広く大きめで、幼羽のような細かい規則的に並ぶ斑ではない。●脇の羽最上列の各羽が幅広くて丸みがあり、幼羽のような先が尖ったV字状の羽ではない。●三列風切の灰色みが強いことも識別に役立つ。幼羽は褐色みが強く短い。
■**♂エクリプス→生殖羽** ♂幼羽→第1回生殖羽とは、●雨覆のえんじ色部が多いことの他、●脇の羽最上列が換羽せずに残っていれば、各羽が幅広く先が丸みを帯びるので区別できる。♂幼羽→第1回生殖羽は先が尖り気味でV字状に見える。●三列風

切が長めで灰色みが強く、褐色みがないのも重要な識別点となる。●♂幼羽→第1回生殖羽の腹に細かい幼羽の斑が残っていれば識別に役立つ。

■♂幼羽　成鳥とは、●胸から腹にかけての幼羽特有の、細かくて整然と密に並んだ斑で識別できる。脇の羽も成鳥より小さく、最上列の各羽は先が尖り気味でV字状に見える。♀幼羽とは、●雨覆にえんじ色部が目立つことなどで区別できるが、えんじ色部が少なく目立たない個体もいるので要注意。♀幼羽はえんじ色部がないことが多く、あってもごく少量。●背、肩羽の羽縁が狭くて目立たず、♀幼羽より暗色に見える傾向が強く、胸の他全体に橙褐色みが強い傾向がある。

■♂幼羽→第1回生殖羽　♂エクリプス→生殖羽との識別は♂エクリプス→生殖羽の項を参照。

■♀生殖羽　♀非生殖羽とは、●三列風切に最も違いが現れ、黒褐色の地に橙褐色の斑が見られる。●肩羽、脇に明るい淡橙褐色の羽縁と軸斑の模様が目立ち、全体に非生殖羽より明るい色調になる。

■♀非生殖羽　♀生殖羽との識別は♀生殖羽の項を参照。♀幼羽との識別は♀幼羽の項を参照。

■♀幼羽　♀非生殖羽とは、♂幼羽の項の成鳥との識別を参照。●嘴は均一でなめらかな質感で、早期は橙色部には成鳥のような黒小斑は見られない。♂幼羽との識別は♂幼羽の項を参照。

♂生殖羽 br.
　雨覆の広範囲がえんじ色
　翼鏡の白色は他種にない特徴

♂幼羽 juv.
　えんじ色部は限られる

♀成鳥 ad.
　えんじ色部は少なく、ない場合もある

♀幼羽 juv.
　えんじ色部はほとんどない

♂生殖羽 br. 全体に灰色が基調で上、下尾筒の黒色が目立つ。♂の頭部の模様は変化が多い。2014年1月12日 東京都江東区

♂生殖羽 br. 頭頂と頸が茶色く白い首輪がある個体がよく見られる。2014年12月7日 神奈川県川崎市

♂生殖羽 br. 頭の模様が額から頭頂、後頭が暗色で、淡色の頬、耳羽に明確に分かれている個体。2014年11月23日 東京都千代田区

♂生殖羽 br. 頭部に赤紫光沢が強く出て、黒と白の首輪がある個体。三列風切も長め。過去の交雑によるヨシガモの遺伝子を受け継いでいる可能性が考えられる。2014年12月7日 神奈川県川崎市

♀非生殖羽 non-br. 三列風切は生殖羽のような斑がない。肩、脇羽は幼羽より丸みがある。腹は白い。雨覆にはえんじ色が見えている。2014年11月16日 神奈川県川崎市

♀生殖羽 br. 肩羽、脇の羽縁が広く、非生殖羽より全体に明るい色調になる。三列風切に淡橙褐色の斑がある。嘴は非生殖羽ほど黒小斑が目立たない。2013年6月2日 東京都三鷹市（飼育個体）

オカヨシガモ

♂エクリプス ec.　生殖羽への換羽が早いので繁殖地以外ではほとんど見られない。2013年7月28日 東京都三鷹市（飼育個体）

♂エクリプス→生殖羽 ec.→br.　脇は丸みがある成鳥。三列風切は長く、灰色味が強い。2013年8月13日 東京都三鷹市（飼育個体）

♂幼羽→第1回生殖羽 juv.→1st-br.　褐色みが強い三列風切の幼羽で、換羽中の成鳥との識別ができる。脇に尖り気味の幼羽が多く残り、腹にも幼羽の小斑が残る。2010年1月1日 神奈川県小田原市

♀幼羽→第1回生殖羽 juv.→1st-br.　脇の最上列は幼羽。2列めは換羽後の新しい羽。羽の形状の違いがわかりやすい。2012年12月9日 東京都千代田区

♂幼羽 juv.　胸から腹に規則的に並ぶ幼羽は特徴的。♀幼羽より背、肩羽の羽縁がわずかに狭く暗色に見え、全体に茶色味が強い。2013年7月28日 東京都三鷹市（飼育個体）

♀幼羽 juv.　脇の幼羽はV字状に尖がる。♀非生殖羽に見られる嘴の小黒斑はほとんど見られない。♂幼羽に少量ある雨覆のえんじ色部は♀幼羽ではないか、あってもごくわずか。2013年7月28日（飼育個体）

オカヨシガモ

♂ **生殖羽 br.** 雨覆のえんじ色部が♀成鳥、幼鳥、♂幼鳥より多い。2014年1月12日 東京都江東区

♀ **生殖羽 br.** 雨覆も肩羽同様の橙褐色の羽縁が目立つ羽に換わる。（飼育個体）

♀ **非生殖羽→生殖羽 non br.→br.** 雨覆のえんじ色部は♂成鳥より少ない。個体差があり、これより多い個体も普通。2013年3月10日 東京都千代田区

♂ **幼羽→♂第1回生殖羽 juv.→1st-br.** 雨覆のえんじ色部は♂成鳥より少ない。2014年11月16日 神奈川県川崎市

♀ **幼羽→第1回生殖羽 juv.→1st-br.** 雨覆のえんじ色は、個体差があるが、ない個体が多い。2010年10月14日 東京都三鷹市（飼育個体）

**雛** 孵化後17日目の雛。2013年6月23日 東京都三鷹市（飼育個体）

# ヨシガモ

*Anas falcata*
Falcated Duck

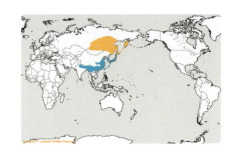

■**大きさ**　体長46cm〜54cm。翼開長78cm〜82cm。■**特徴**　中型のカモ。頭部は前から見ると幅が狭く扁平。後頭の羽毛が♂♀ともにやや長く房状に伸びるが、♀はあまり目立たない。嘴と足は灰黒色。嘴は水面採餌ガモの中では細長い。尾羽は短め。■**分布・生息環境・習性**　おもに冬鳥として全国に普通に渡来するが多くはない。局所的に大きな群れが見られることがある。北海道では繁殖し、少数越冬する。池、湖沼、河川、内湾など、幅広い環境に生息し、おもに植物食で、穀類、植物の種子、水生植物、海藻などを食べる。潜水採餌をすることもある。■**鳴き声**　♂は笛のようにフウーイッと鳴き、同時にブブブという低い音も出す。ピュルルル、ピュルルルと小さめの声でも鳴く。♀はグワッグワッグワッと鳴く。

■**♂生殖羽**　赤紫色と緑色光沢のある頭部は後頭が房状に伸び特徴的。また、三列風切が長く伸びて、下方に鎌のようにカーブするのも本種だけの際立った特徴で、他種と見間違えることはない。黒い首輪があり頸を伸ばした時よく目立つ。正面から見ると、額の嘴基部に接する部分に丸い白斑がある。胸は灰黒色のうろこ模様で、脇は細かい波状斑に覆われる。下尾筒は黒く側面にコガモに似た大きな淡黄色斑がある。

■**♂エクリプス**　♀非生殖羽とは、●雨覆が灰白色なので容易に見分けられる。♀は灰黒褐色に淡色の羽縁が目立つ。●三列風切は長めで、少し先が下方にカーブしていて、基部の白色が目立つ。♀は短めで基部が灰白色から灰褐色。ただし長さについては、換羽が進み抜け落ちていたり、伸展途中で短かったりすることもあるので要注意。●頭部が♀より一様に暗色の傾向が強い。●肩羽の斑と羽縁は♀ほどは目立たず、全体に一様に暗色に見える傾向が強い。♂幼羽とは、●雨覆が一様に灰白色なことで識別できる。♂幼羽は灰褐色に淡色の羽縁がある。●胸から腹にかけての斑は大きめで、幼羽のような小斑が密集して整然とは並んでいない。●三列風切は長くて先がやや下方にカーブし、基部が白い。♂幼羽はやや下方にカーブするが短く、基部は白っぽいが♂エクリプスほどではない。ただし三列風切の長さは、換羽中で脱落していたり、進展中で短い場合は比較できない。●脇の羽は幼羽より丸みがある。♀幼羽との識別は♂幼羽との場合とほぼ同様だが、●♀幼羽の三列風切は基部まで一様に黒褐色なので識別は容易。

■**♂エクリプス→生殖羽**　♂幼羽→第1回生殖羽とは、●雨覆は一様に灰白色で、雄幼羽→第1回生殖羽の灰褐色に淡色の羽縁がある雨覆とは異なるので、容易に区別できる。ただ、♂幼鳥には個体差があり、雨覆が淡色の個体は見え方が近接する場合があるので要注意。●脇最上列が換羽せずに残っている場合は、幼羽より丸みがあるので、識別の大きな手掛かりになる。

■**♂幼羽**　♂エクリプスとの識別は♂エクリプスの項を参照。♀幼羽とは、●三列風

切の基部に灰白色部があるので区別できる。♀幼羽は基部まで均一に黒褐色。雨覆は灰褐色で♀幼羽より淡い。♀幼羽は灰黒褐色に淡色の羽縁が目立つ。♀非生殖羽とは、三列風切は似ているが、●胸から腹にかけての細かい整然と並んだ幼羽独特の斑で区別できる。●小さめで尖り気味の脇の羽も識別の参考になる。

■♂幼羽→第1回生殖羽　♂エクリプス→生殖羽との識別は♂エクリプス→生殖羽の項を参照。

■♀生殖羽　♀非生殖羽と●最もわかりやすい違いは三列風切。非生殖羽では無斑だが、生殖羽では三列風切に橙褐色の斑がある。●肩羽、脇の羽縁や斑が橙褐色みを増し、全体に少し非生殖羽より明るい羽装になる。

■♀非生殖羽　♂エクリプスとの識別はエクリプスの項を参照。♀幼羽とは、●胸から腹にかけての斑が大きめで、幼羽ほど整然と密集して並んでいないことで区別できる。●三列風切の基部は淡色で、基部まで全体が黒褐色の♀幼羽とは違いが明瞭。●雨覆は♀幼羽よりやや淡色の傾向が強く、特に大雨覆は幼羽より明確に淡い。

■♀幼羽　♀非生殖羽、♂幼羽との識別はそれぞれの項を参照。

ヨシガモ

### ♂生殖羽 br.

雨覆はクリアな灰白色

### ♂第1回生殖羽 1st-br.

雨覆の灰色は褐色みがあり羽縁が目立つ

### ♀成鳥 ad.

♀幼羽より大雨覆の白色が多い

### ♀幼羽 juv.

大雨覆は羽先を除き暗色

ヨシガモ

♂**生殖羽 br.** 赤紫色と緑色の頭部、鎌状に下垂した三列風切。頸の黒帯は頭を伸ばすと幅広くなり、縮めると狭くなる。2015年2月21日 東京都千代田区

♂**エクリプス ec.** 頭部は♀や幼羽より一様で暗色傾向。肩羽は斑が目立たない。2012年10月21日 東京都千代田区

♀**生殖羽 br.** 生殖羽では三列風切に橙褐色の斑が見られる。2013年3月24日 東京都千代田区

♂**エクリプス→生殖羽 ec. → br.** 肩羽、脇の羽は♂幼鳥より丸みがあり、肩羽の模様は細い横斑で目立たない。2013年11月3日 神奈川県川崎市

♂**幼羽→第1回生殖羽 juv. → 1st-br.** 肩羽、脇の羽は丸みがなく尖り、肩羽の斑は縦斑の傾向があり、成鳥より明瞭。肩羽に斑がない個体もいる。2012年12月2日 千葉県市川市

♀非生殖羽→生殖羽 non-br. → br.　♀幼鳥とは三列風切基部が淡色であることで識別できる。淡色部は個体差があり、これよりもう少し淡色の個体も多い。2015年2月21日 東京都千代田区

♀幼羽→第1回生殖羽 juv. → 1st-br.　三列風切が基部まで黒褐色なので幼鳥とわかる。脇最上列の羽縁が淡色の羽は幼羽。肩羽も最下列に幼羽が残る。2012年11月25日 神奈川県川崎市

♂幼羽 juv.　胸から腹にかけて小斑が規則的に密集して並ぶ。脇の羽はV字状に尖る。雨覆は♂成鳥より褐色みがあり、淡色の羽縁が目立つ。この個体の雨覆は比較的灰色みが強く、成鳥の雨覆に近い。♀幼羽とは、三列風切に淡色部が多いことで識別できる。2013年10月27日 東京都三鷹市（飼育個体）

♀幼羽 juv.　♂幼羽とは基部まで黒褐色の三列風切で区別できる。♂♀全羽衣で三列風切が基部まで一様に黒褐色なのは♀幼鳥だけ。春に三列風切を換羽するまでは、他の羽衣とは容易に識別できる。2009年10月1日 東京都三鷹市（飼育個体）

ヨシガモ

♀幼羽→第1回生殖羽 juv→1st-br. 大雨覆が先を除き灰黒褐色。♀成鳥は灰白色。2013年3月24日 東京都千代田区

雛　孵化後1日目の雛。2013年6月23日 東京都三鷹市（飼育個体）

♂生殖羽 br. 小、中雨覆は灰色。2011年3月10日 東京都千代田区

♂第1回生殖羽 1st-br. 雨覆は灰褐色で淡色の羽縁が目立つが、♀に近いものから灰色みが強いものまで個体差がある。2011年3月10日 東京都千代田区

♀生殖羽 br. 大雨覆は右の♀幼鳥より淡色。2011年3月10日 東京都千代田区

♀幼羽→第1回生殖羽 juv.→1st-br. 大雨覆が成鳥より暗色で、先端を除き灰黒褐色。2011年3月10日 東京都千代田区

# ヒドリガモ

*Anas penelope*
Eurasian Wigeon

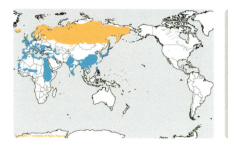

■**大きさ** 全長42cm～50cm。翼開長71cm～85cm。■**特徴** 中型のカモで、マガモとコガモの中間の大きさ。体形はずんぐりとしていて頸、嘴は短め。頭は丸みがあり、額が少し出っ張っている。尾羽は比較的長い。■**分布・生息環境・習性** 冬鳥として日本全国に多数渡来。河川、池、湖沼、海岸などで大きな群れを作り越冬する。おもに植物食で、海岸で海草、海藻などを採り、淡水域では水面に浮かぶ葉片、茎、根、種子などを採る。河川敷や池畔に上がり、群れで芝や青草を採餌しているのを見ることも多い。昼間でも活発に活動し採餌する。まれに潜水して水草を採ることもある。■**鳴き声** ♂は「ピィーュ、ピィーュ」とひと声ずつ間をおいて、笛のような高い声で鳴き、「ピャッピャ」という声も出す。♀は「ガッガー」と濁った声で鳴く。

■**♂生殖羽** 頭部はおもに赤茶色で、額から頭頂はクリーム色。胸は赤みを帯びた薄ぶどう色。背、肩羽、脇は細かい波状の横斑に覆われ、灰色に見える。上尾筒、下尾筒は黒く、尾羽は灰黒褐色で中央尾羽が長めで尖る。飛翔時は白い雨覆が目立つ。翼鏡は緑で、緑色帯はアメリカヒドリより幅広い。

■**♂エクリプス** ♀非生殖羽とは、●雨覆が白いこと、●頭部、脇の橙褐色がより赤味が強いことで見分けられる。幼羽との識別は♂幼羽の項を参照。

■**♂エクリプス→生殖羽** **♂幼羽→第1回生殖羽**とは、●雨覆が白いことで見分けられる。♂幼羽→第1回生殖羽は雨覆に♀に似た褐色や灰褐色の斑があり、真っ白には見えない。●脇の羽最上列がまだ換羽せず残っていれば、♂幼羽→第1回生殖羽のように先が尖らず丸みが強いので見分けが可能。

■**♂幼羽** ♂エクリプスとは、●雨覆が白くなく、灰褐色に白い縁取りがあることで見分けられる。●胸から脇下部にかけて細かい斑が整然と並んでいて、脇最上列の羽の丸みが弱く、先が尖り気味になることでも識別が可能。●その他、三列風切の黒みが弱いこと、頭部、脇の赤みが弱く黄褐色みを帯びること、嘴の色が鈍く汚れたように見え、上辺に黒っぽい斑がある個体が多いことなども見分けに役立つ。♀成鳥とは、●脇最上列の羽に丸みがなく、先が尖り気味に見えること、胸から脇下部にかけての斑が細かく、密に整然と並んでいることも見分けに役立つ。●雨覆の白い縁取りが♀成鳥ほど幅広くなく不明瞭なことも見分けの参考になるが、♂幼羽は変化が多く、差異が少ない場合もある。♀幼羽とは、●雨覆が大雨覆を中心に淡色部が多いことで識別が可能。♀幼羽は雨覆各羽に、狭いバフ色のあまり目立たない羽縁があるだけで、雨覆全体がかなり一様に見える。●翼鏡は普通緑光沢部がある、♀幼羽には見られない。ただ、光線の状態により見え方が左右されるので要注意。♀幼羽より肩羽に横斑が出る傾向がある。

■♂幼羽→第1回生殖羽　♂エクリプス→生殖羽との識別は♂エクリプス→生殖羽の項を参照。

■♀生殖羽　♀非生殖羽と●最もわかりやすい違いは三列風切。非生殖羽では黒褐色で淡色の羽縁があり雄に似ているが、生殖羽では黒褐色の地に橙褐色の斑がある羽に換わる。

■♀非生殖羽　♀幼羽との識別は♀幼羽の項を参照。♂エクリプスとの識別は♂エクリプスの項を参照。

■♀幼羽　♀非生殖羽とは、●雨覆の淡色の羽縁の幅が狭く、あまり目立たないことが最もわかりやすい識別点。♀非生殖羽は幅が広く白い羽縁が明瞭。●脇の羽は成鳥より小さめで、特に最上列の比較で、♀成鳥ほど丸みがなくＶ字状に見える。●胸から脇下部にかけて細かい斑が密に整然と並ぶことも識別に役立つ。●嘴の模様の色彩パターンが成鳥ほど明瞭でなく、全体に灰色に汚れてくすんだように見える。正面から見ると、嘴上辺にＹ字状に暗色斑が見られることもある。ただ、この幼羽の嘴の模様の傾向は、♀非生殖羽でも不明瞭ではあるが見られる。♂幼羽との識別は♂幼羽の項を参照。

♂生殖羽 br.

雨覆の白色部が遠距離からも目立つ

♂幼羽→第1回生殖羽 juv. → 1st-br.

♀幼鳥より白色部が多い

♀成鳥 ad.

♀幼鳥より雨覆の羽縁が目立つ

♀幼羽 juv.

雨覆は大雨覆の羽先が白い以外は一様に見える

ヒドリガモ

♂生殖羽 br. 雨覆が白いことで、♂幼羽→第1回生殖羽と識別できる。2012年3月4日 千葉県市川市

♂幼羽→第1回生殖羽 juv.→1st-br. 雨覆は白くなく、幼羽のままなので成鳥と区別できる。2012年3月4日 千葉県市川市

♂エクリプス ec. ♀とは頭部、脇など赤味が強く、雨覆が白いので区別できる。後方の個体が♀。2010年10月29日 千葉県市川市

♂幼羽→第1回生殖羽 juv.→1st-br. 脇最上列の羽はV字状で幼羽とわかりやすい。雨覆も灰褐色の幼羽。2010年12月17日 神奈川県川崎市

ヒドリガモ

♂ **幼羽 juv.** 淡色の個体。胸と脇に幼羽特有の細かい斑が並ぶ。脇最上列は成鳥ほど丸みがない。肩羽は♀幼羽より横斑が出る傾向がある。2010年10月29日 千葉県市川市

♂ **幼羽 juv.** 茶色みが強い個体。雨覆は♀幼羽ほど一様な灰褐色ではなく、大雨覆を中心に淡色部が多い。2013年11月5日 千葉県浦安市

♀ **幼羽 juv.** ♂幼羽より雨覆に淡色部が少なく、羽縁も不明瞭。嘴は灰色みが強く模様パターンが不明瞭。2013年11月5日 千葉県浦安市

♀ **幼羽 juv.** ♀成鳥より雨覆の羽縁が狭く灰褐色で、雨覆全体が一様に見える。脇の羽は丸みが少なくて色が淡い（黄褐色）。2010年10月29日 千葉県市川市

♀ **非生殖羽→生殖羽 non br.→br.** ♀幼鳥とは白色の羽縁が目立つ雨覆で区別できる。非生殖羽は生殖羽より嘴の模様パターンが不明瞭になる傾向がある。2009年11月27日 千葉県市川市

♀ **生殖羽 br.** 非生殖羽の三列風切は雄に似て無斑だが、生殖羽では橙褐色の斑が見られる。2012年3月4日 千葉県市川市

♂生殖羽 br. 雨覆は白く、飛翔時よく目立つ。
2012年2月12日 千葉県浦安市

♂幼羽→第1回生殖羽 juv.→1st-br. 雨覆が白くないので♂成鳥と区別できる。2012年2月12日 千葉県浦安市

♀非生殖羽→生殖羽 non br.→br. 雨覆は白い羽縁が目立つ。大雨覆の模様が♀幼鳥より複雑。
2012年2月12日 千葉県浦安市

♀幼羽→第1回生殖羽 juv→1st-br. 雨覆の羽縁が目立たない。大雨覆は先端が白いだけで、模様が♀成鳥より単純。2009年12月18日 千葉県浦安市

### 幼羽♂♀の簡便識別法

ヒドリガモ幼羽の♂♀は、肩羽最後部にある羽で見分けることが可能で、♂のほうが灰色みが強く淡色に見え、♀は黒褐色で白い羽縁が目立つ。判断が難しい場合もあるが、高い確率で見分けることができる。念のため雨覆など他の識別点もその後確認することが大切。

♂幼羽 juv. 肩羽最後部の羽は灰色味を帯び淡色。

♀幼羽 juv. 肩羽最後部の羽は黒褐色で白い羽縁が目立つ

# アメリカヒドリ

*Anas americana*
American Wigeon

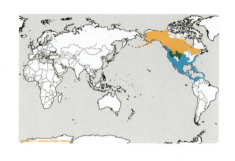

■**大きさ** 全長45cm〜56cm。翼開長76cm〜89cm。■**特徴** ヒドリガモと同大かやや大きい中型のカモ。体形はずんぐりとしていて、頭の形は額が高く盛り上がり、嘴はやや太く短め。青灰色で先端と基部に黒色部がある。足の色は灰色がかった黄土色、灰緑色、灰色。■**分布・生息環境・習性** 北アメリカ北部で繁殖。日本には冬鳥として全国に少数が渡来する。河川、湖沼、池、干潟、海岸に生息し、ヒドリガモの群れに一羽で混じっていることが多く、稀に大きな群れに2、3羽混じっていることがあるが、大抵別行動でヒドリガモの群れに溶け込んでいる。つがいで見られることはほとんどなく、ヒドリガモとつがいになっていることが多い。おもに植物食で水面に浮遊する植物片、種子を摘まんだり、芝生に上がり草を啄ばんだり、港湾で海藻を食べたりする。公園の池で人の与えるパンくずを食べることもある。■**鳴き声** ♂はピャー、ピャッと甲高く、おもに2声を繰り返して鳴く。♀は低い濁ったクワークワークワーという声を繰り返す。
■**♂生殖羽** 頭部には眼の周囲から後頭にかけて幅広い緑色の帯があり、ヒドリガモのような赤褐色部がない。この緑色の量は、帯全面にベタッと緑色の個体から、黒いごま塩状斑の中にわずかに緑色が見られる個体まで個体差が非常に大きい。緑色部に赤紫光沢が見られることがある。背、肩羽、脇はヒドリガモのような灰色ではなく赤茶色。肩羽最下列の一部と後部肩羽は灰色みがあることがある。
■**♂エクリプス** ♀非生殖羽とは●雨覆が白いことで確実に見分けられる。♀は小、中雨覆の各羽が灰褐色で白い羽縁がある。●胸と脇はより濃く深い橙褐色で、灰色の頭部、頸とのコントラストがより強い。幼羽とは●雨覆が白いことで見分けられる。幼羽は雨覆各羽が灰褐色で淡色の縁取りがある。●脇最上列の羽が幅広くて丸みがあり、V字状に尖る幼羽と区別できる。●胸の斑が大きく、幼羽のように小さい斑が密に整然と並んでいないことなどが識別の参考になる。
■**♂エクリプス→生殖羽** ♂幼羽→第1回生殖羽とは、●雨覆が白いことで確実に見分けられる。♂幼羽→第1回生殖羽は雨覆に♀に似た褐色や灰褐色の斑があるので、真っ白には見えない。●脇最上列がまだ換羽せず残っていれば、各羽が丸みのある成羽なので、小さめで先が尖り気味の幼羽と区別がつく。また、それらの羽は黄褐色の幼羽より濃い橙褐色。●頭部の緑色他、全体に色彩が♂幼羽→第1回生殖羽より鮮やかなことが多いが、例外があるので、識別の参考程度に止めたほうが無難。頭部の緑色の量は幼鳥が少ない傾向はあるものの、成鳥、幼鳥どちらも個体差が大きい。
■**♂幼羽** ♂エクリプスとの識別は♂エクリプスの項を参照。♀非生殖羽とは、雨覆は似ているが、●胸から脇にかけて幼羽独特の細かい斑が整然と並んでいることで区別可能。●脇最上列を比較すると、小さめ

で先は幅が狭く尖り気味で、丸みが少ない。♀幼羽とは●雨覆の羽縁が幅広く明瞭で、雨覆全体に白色部が多いことで識別できる。特に大雨覆はほぼ全体が白く、違いが明瞭。

■♂幼羽→第1回生殖羽　♂エクリプス→生殖羽との識別は♂エクリプス→生殖羽の項を参照。

■♂第1回生殖羽　♂生殖羽とは、雨覆が真っ白ではなく、灰褐色部があることで識別できる。

■♀生殖羽　♀非生殖羽と最も目立った違いは三列風切で、非生殖羽は♂とほぼ同じで、羽縁が白い無斑の三列風切だが、春、換羽する生殖羽の三列風切は、黒褐色の地に橙褐色の斑が入ることが多く、羽縁が橙褐色みを帯びる。

■♀非生殖羽　♀幼羽とは、翼上面の大雨覆の白色帯の有無が識別に有効。大雨覆が先端の黒色を除いて白く、翼を広げると上面に白色帯を形成するのが成鳥。♀幼羽はその部分が褐色で、白色帯にはならない。●成鳥の雨覆の各羽に白い羽縁が目立つことでも識別可能。♀幼羽は羽縁が狭くあまり明瞭でないのが普通。●胸の斑が幼羽ほど細かくなく丸味があり、脇最上列も丸みが強い。●幼羽は嘴の模様パターンが不明瞭で全体に灰味が強く成鳥より暗色に見え、上辺に黒線があることが多い。ただし、この暗色線はまれに成鳥にも見られることがある。♂幼羽との識別は、♂幼羽の項を参照。♂エクリプスとは●雨覆が白くないことで識別できる。

■♀幼羽　大雨覆がおもに灰褐色で、白色部がわずかしか見られないのは♀幼羽だけなので、成鳥、♂幼羽とは容易に区別できる。♀成鳥との識別は♀非生殖羽の項を参照。

### ♂生殖羽 br.

白い雨覆

### ♂第1回生殖羽 1st-br.

雨覆は白くなく灰褐色斑がある

### ♀成鳥 ad.

大雨覆は白色帯になる

### ♀幼羽 juv.

大雨覆は白色帯にならない

アメリカヒドリ

♂**生殖羽 br.** 肩羽と脇の隙間から見えている雨覆が白いことで成鳥とわかる。2012年4月1日 千葉県浦安市

♂**第1回生殖羽 1st-br.** 雨覆が白くないことで幼鳥とわかる。肩羽と脇羽の隙間に灰褐色の雨覆が見えている。2013年3月14日 東京都千代田区

♂**エクリプス（右）ec.** 頭部はヒドリガモより灰色みが強く、茶色みがない。雨覆の白色が見えている。左はヒドリガモ♀成鳥。1992年10月11日 東京都台東区

♂**幼羽→第1回生殖羽 juv.→1st-br.** 肩羽に換羽した細かい横斑の羽がある。嘴峰に黒斑が残っている。2009年12月2日 神奈川県川崎市

♀**非生殖羽→生殖羽 non br.→br.** 雨覆の白い羽縁が幼鳥より幅広い。三列風切はまだ非生殖羽で、生殖羽では橙褐色斑が見られることが多い。2013年2月3日 埼玉県さいたま市

♀**幼羽→第1回生殖羽 juv.→1st-br.** 雨覆は羽縁が狭く成鳥ほど目立たない。大雨覆も成鳥のような白色帯にならない。2009年12月16日 千葉県浦安市

♀非生殖羽 non br.　♂エクリプスとは、雨覆が白くなくて、灰褐色に白い羽縁があることで識別できる。嘴基部に黒斑がある個体が多いが、この個体はない。2014年12月14日 東京都千代田区

♀生殖羽 br.　三列風切を、羽縁が橙褐色の生殖羽に換羽している。さらにこれに橙褐色の斑が入る個体も多い。雨覆の白色が多い個体。2015年1月22日 アメリカ・ロサンゼルス

♂生殖羽 br.　雨覆と腋羽の白が目立つ。腋羽の先端近くに灰褐色斑がある個体も少なくない。2010年3月1日 神奈川県大和市

♂第1回生殖羽 1st-br.　成鳥と異なり小雨覆、中雨覆が白くなくて、灰褐色で白い羽縁がある。2013年3月10日 東京都千代田区

♀非生殖羽→生殖羽 non br.→br.　大雨覆が白色帯を形成する。小、中雨覆は白色の羽縁が幅広い。2013年2月3日 埼玉県さいたま市

♀幼羽→第1回生殖羽 juv.→1st-br.　大雨覆は成鳥のような白色帯にはならない。小、中雨覆の羽縁は狭く、あまり目立たない。2015年1月22日 アメリカ・ロサンゼルス

## アメリカヒドリとヒドリガモの識別

両種は♂生殖羽以外は酷似していて、識別が非常に難しいとされるが、違いをしっかり認識して観察すれば、十分野外で識別可能である。ただし、この両種間には雑種が多く観察されるので注意が必要。雑種についてはp.147〜156を参照。

■♂生殖羽 br. 形は同じだが、体全体の色彩が明確に異なるので識別はやさしい。まず目に付くのが●頭部の色彩の違いで、アメリカヒドリは眼の周囲から後頭にかけて、黒くて幅広い帯があり、緑色光沢がある。ヒドリガモは額から頭頂の橙黄色部以外は赤橙褐色。●嘴の色彩パターンの違いも重要で、アメリカヒドリは嘴基部を取り巻くように黒色斑があるが、ヒドリガモにはこの黒色部がない。●背、肩羽、脇の色彩も違っている。アメリカヒドリは赤褐色でヒドリガモは灰色。ただ、アメリカヒドリも肩羽の後部と最下列は灰色みがある。●腋羽はアメリカヒドリはほぼ全体が白い。ヒドリガモは灰褐色の軸斑と横斑がほぼ全面にある。両種とも個体差があり、アメリカヒドリでは先端近くに灰褐色横斑がある個体も多い。●翼鏡の緑色帯はヒドリガモのほうが幅広い。

**アメリカヒドリ** 目の周囲からその後部に黒色帯があり緑色光沢がある。体はおもに赤褐色。2014年12月21日 神奈川県川崎市

**ヒドリガモ** 頭部はおもに橙赤褐色。体はおもに灰色。胸は赤褐色。2011年12月25日 千葉県市川市

**アメリカヒドリ** 腋羽はほぼ白い。翼鏡の緑色部は幅が狭い。この画像では光線の具合で緑色光沢が不明瞭。2010年3月1日 神奈川県大和市

**ヒドリガモ** 腋羽は灰褐色の模様が目立つ。翼鏡の緑部は幅が広い。2012年1月8日 千葉県市川市

■♀成鳥 ad. ヒドリガモの群れに混じっているアメリカヒドリ♀は、大抵、●頭の色が異なることで気づく。茶色みがほとんどなく灰色に見える。青白いという印象を受けるくらいで、橙褐色みが強い胸、脇とのコントラストが強い（頭に灰色みがあるヒドリガモは体も褐色みが少なく、頭との濃淡差が少ないことが多い）。♂の緑色帯に相当する部分は他の部分より褐色みを帯びるのが普通。光線の違い、例えば日中と朝夕の時間帯、日陰と日向などで頭部の褐色みが強くなったり、灰色みが強くなったり見え方が異なるので要注意。●嘴の色彩パターンの違いも重要である。アメリカヒドリは嘴基部に黒色部があるが、ヒドリガモはない。アメリカヒドリの嘴基部の黒色は♂に比べるとやや小さく、明瞭ではない場合もあり、全くない場合もある。全くない場合はヒドリガモとの雑種の可能性も考慮にいれ慎重に検討しなければならない。また、夏期は嘴全体が灰色がかり、パターンが不明瞭になるので、基部の黒斑も目立たなくなる。●大雨覆の白色帯の有無は♀成鳥の識別の鍵になる。アメリカヒドリは明瞭な白色帯があるが、ヒドリガモは普通その部分が灰褐色である。アメリカヒドリの白色帯はところどころ淡灰褐色が混じることがあり、ヒドリガモでもまれに白色帯

**アメリカヒドリ♀成鳥** 頭部だけが灰色で、他の部分は橙褐色。嘴基部に黒色部がある。2011年12月18日 千葉県習志野市

**ヒドリガモ♀成鳥** 頭部も含め全体が橙褐色。嘴は先だけが黒色。2012年1月8日 千葉県市川市

**アメリカヒドリ♀成鳥** 大雨覆は白色帯となる。腋羽はほぼ白い。2010年11月21日 埼玉県さいたま市

**ヒドリガモ♀成鳥** 大雨覆は白色帯にならない。腋羽は灰褐色斑が目立つ。2009年11月27日 千葉県市川市

が見られることもある。●腋羽の色彩は、アメリカヒドリはほぼ全体が白色で、先端近くに灰褐色の横斑が見られる個体も多い。ヒドリガモは灰褐色の軸斑と横斑がほぼ全体にある。●脇の色は、アメリカヒドリは橙色みが強く、やや明るく見える傾向が強いが、ヒドリガモは褐色みが強い傾向がある。

■♂幼鳥 juv.→1st-br. アメリカヒドリは頭部が灰色で褐色みがなく、嘴基部の黒色部が目立つ。雨覆は両種とも成鳥では白いが、幼鳥では灰褐色斑があり、アメリカヒドリのほうが大雨覆を中心に白色が多い。

**アメリカヒドリ♂幼鳥** 頭部に褐色みがない。肩羽に成鳥と同じ赤褐色の波状斑がある羽が出てきている。2009年12月27日 神奈川県川崎市

**ヒドリガモ♂幼鳥** 肩と脇に成鳥と同じ灰色の波状斑がある羽が出てきている。2011年12月18日 千葉県習志野市

**アメリカヒドリ♂幼鳥** 雨覆はヒドリガモ♂幼鳥より白色が多い傾向が強い。腋羽はほぼ白い。2013年2月10日 千葉県市川市

**ヒドリガモ♂幼鳥** 腋羽は灰褐色の模様が目立つ。2012年12月2日 神奈川県川崎市

■♀幼鳥 juv.→1st-br. ♀幼鳥の両種の識別は、大雨覆を除き♀成鳥の場合と同じ。アメリカヒドリ♀幼鳥の大雨覆は成鳥と異なり白色帯にはならない。両種♀幼鳥の大雨覆の違いは、アメリカヒドリは先端が白色で、その内側に黒色斑があり、その内側にまた白色があり、基部が灰褐色という複雑な模様になっている。これはヒドリガモ♀成鳥とほぼ同じパターンといえる。ヒドリガモ♀幼鳥の大雨覆はもっと単純で、先端が白く、その他の部分は灰黒褐色になっている。

アメリカヒドリ

**アメリカヒドリ♀幼鳥** 頭部が灰色で嘴の基部に黒色斑がある。2011年2月22日 神奈川県川崎市

**ヒドリガモ♀幼鳥** 頭部の褐色みが強く、嘴基部に黒斑がない。頭の色が褪せ、褐色みがない個体がいるので要注意。2009年11月5日 神奈川県川崎市

**アメリカヒドリ♀幼鳥** 大雨覆はヒドリガモ♀成鳥とほぼ同じで、ヒドリガモ♀幼鳥より複雑なパターンになっている。2009年12月18日 千葉県浦安市

**ヒドリガモ♀幼鳥** 大雨覆は先端が白く、その他は褐色という単純なパターンになっている。2009年12月2日 神奈川県川崎市

## アメリカヒドリの腋羽の個体差

**♂生殖羽** 腋羽は個体差があり、先端まで白い個体と、先端近くに灰褐色斑がある個体がいる。2009年12月6日 神奈川県川崎市

**♂生殖羽** この個体の腋羽は先端まで白い。灰褐色斑が多少なりともある個体の割合がやや多い。2010年3月1日 神奈川県大和市

# マガモ

*Anas platyrhynchos*
Mallard

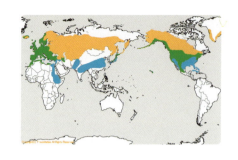

■**大きさ** 全長50cm〜60cm。翼開長81〜95cm。■**特徴** カルガモとほぼ同じ大きさの大型のカモ。水面採餌ガモの中では、太めのがっしりとした胴体で重量感がある。飛翔は、幅広い翼で比較的ゆっくりと羽ばたく。翼鏡は青く、それを挟むように前後に白帯があり目立つ。■**分布・生息環境・習性** 冬期、全国で普通に見られ、夏期は北海道と本州の高地で繁殖する。また本州の平地でも局所的に繁殖しているものと思われる。池、湖、河川、港湾などに生息する。おもに植物食で、穀類、植物の種子、水生植物などを食べ、ドングリも好む。水生の生物もよく食べる。潜水採餌をすることもある。■**鳴き声** 雄は「ピーピー」と高い笛のような声で鳴く。♀は一定の間隔、一定のトーンで「グワッ、グワッ、グワッ、グワッ」と繰り返す。また、高い調子で始まり、「ゲェゲェゲェゲェゲェゲェ」とだんだんトーンを落として鳴く。「ククククッ」と速い連続音を出すこともある。

■**♂生殖羽** 黒くて緑色光沢のある頭と白い首輪、黄色い嘴、先が上方にカールした黒い中央尾羽が特徴。頭の光沢は見る角度により藍色光沢にもなる。足の色は赤橙色。マガモを原種とする家禽アオクビアヒル、アイガモが野生のマガモと誤認されることがよくあるので注意が必要。マガモ＜アイガモ＜アオクビアヒルの順に体が大きくなる。マガモは体が細身だがアオクビアヒル、アイガモは太く、特にアヒルは体後部が太く、水に浮いたとき後部が高く見える。

■**♂エクリプス** 全体に♀に似た羽衣になる。嘴は生殖羽より鈍い色になる傾向があり、上辺に♂幼鳥のものに似た暗色斑が見られることがある。♀非生殖羽より●全体に暗色に見え、嘴が黄色いことで、嘴が橙色と黒の♀と識別できる。●肩羽の羽縁は狭くて目立たず、体上面は♀より一様に暗色に見える。●雨覆は一様な灰褐色だが、雌はやや褐色みが強く、淡色の羽縁が目立つ個体が多い。♂幼羽とは、●エクリプスのほうが肩羽、脇の各羽が大きく丸みがあり、幼羽はV字状に先が尖り気味になる。特に脇の羽最上列を比較するとわかりやすい。幼羽は胸から腹にかけて小斑が整然と密に並ぶ。

■**♂エクリプス→生殖羽** ♂幼羽→第1回生殖羽とは、●肩羽、脇が一部まだ換羽せず残っている場合は、羽が丸みを帯びることで見分けられる。幼羽は羽に丸みがなく先がV字状に尖り気味。●換羽の時期の違いも一応の判断材料になり、成鳥のほうが生殖羽への換羽が早く完了するのが普通だが、例外もあり、同時期に換羽の進行具合が同程度のものが見られることもあるので注意を要する。●幼羽を換羽中の個体は、腹に細かい幼羽特有の斑を遅くまで残すことがあり、その場合は成鳥との識別が容易になる。

■**♂幼羽** ♂エクリプスとの識別は♂エクリプスの項を参照。♀幼羽とは●嘴の黄緑

味が強いことで見分けられる。♀幼羽は橙色みが強い。初期には嘴の色がどちらも黒っぽく区別が難しいが、早期に色の違いが出てくる。●♂幼羽のほうが胸の赤茶色みが強い。

■♂幼羽→第1回生殖羽　♂エクリプス→生殖羽とは、♂エクリプス→生殖羽の項を参照。

■♀生殖羽　♀非生殖羽と●最もわかりやすい違いは三列風切で、黒褐色の地に橙褐色の斑がある。非生殖羽は♂に似た無地の三列風切。●生殖羽は背、肩羽、脇など淡橙褐色の羽縁が広くなり、全体に明るい羽色になる傾向が強い。●嘴は非生殖羽より橙色の色味が鈍くなり、灰緑色みを帯びたり、黒色部が広がったりする。

■♀非生殖羽　♂エクリプスとの識別は♂エクリプスの項を参照。♀幼羽とは、●胸から腹にかけての斑が大きめで、幼羽のように細かい斑が規則的に、密集して並ぶことがないことで見分けられる。●脇の羽は丸みを帯び、幼羽のようにV字状に尖らないことも参考になる。ただ、本種は脇の羽の見え方の違いが少なく識別が難しいこともある。

■♀幼羽　♀成鳥との識別は♀非生殖羽の項を参照。♂幼羽との識別は♂幼羽の項を参照。

### ♂生殖羽 br.

雨覆は灰褐色

### ♀成鳥 ad.

♂成鳥より雨覆に褐色みがあり淡色の羽縁がある傾向が強い

### ♂幼羽→第1回生殖羽 juv.→1st-br.

♂成鳥より褐色みがあり羽縁が目立つ個体もいる

### ♀幼羽 juv.

♀成鳥とほぼ同じ

マガモ

♂生殖羽 br. 頭の緑光沢は見る角度により藍色光沢にもなる。2013年1月6日 東京都杉並区

♀非生殖羽 non br. マガモは♀の幼鳥、成鳥の区別が比較的難しい。♀幼羽とは脇や肩羽に丸みがあること、胸、腹の斑の違いなどで見分けられる。2014年11月9日 東京都大田区

♂エクリプス ec. 肩羽の羽縁は目立たず、斑も弱い横斑。2008年9月15日 神奈川県海老名市

♂エクリプス→生殖羽 ec.→br. 脇最上列の羽を右の幼鳥と比較すると、幅広く丸みが強い。肩羽も同様。2006年10月28日 神奈川県川崎市

♂幼羽→第1回生殖羽 juv.→1st-br. 肩羽の模様は♂成鳥では横斑、幼鳥では縦斑の傾向がある。脇の羽は成鳥より尖り気味。2012年11月25日 神奈川県川崎市

♂幼羽 juv. 胸の斑は細かい縦斑。脇と肩羽はV字状に尖った幼羽。幼羽の♂と♀は早期に嘴の色に違いが出て識別可能。2009年11月15日 東京都大田区

♀幼羽 juv. ♂幼羽とは橙色と黒の嘴で区別できる。♂幼羽は黄色で嘴峰に暗色部が残る。2014年10月19日 神奈川県川崎市

♀幼羽→第1回生殖羽 juv.→1st-br. 脇最上列は羽縁が淡色の幼羽。肩羽も羽縁が淡色の幼羽と橙褐色の新羽が見られる。2013年11月12日 東京都大田区

♀幼羽→第1回生殖羽 juv.→1st-br. 左の個体の部分拡大。

♀生殖羽 br. 三列風切に非生殖羽にはない橙褐色の斑が見られる。非生殖羽より羽縁が広く全体に明るい羽色になる。2013年2月22日 東京都新宿区

♂生殖羽 br. 翼鏡が青く、その前後に白色帯がある。中、小雨覆は灰褐色で羽縁は目立たない傾向が強い。2013年12月1日 東京都大田区

マガモ

♀非生殖羽 non br. 小、中雨覆は褐色みが強く、淡色の羽縁が目立つ個体が多い。2013年12月1日 東京都大田区

♂幼羽→第1回生殖羽 juv.→1st-br. 小、中雨覆は褐色みがややあり、淡色の羽縁がある個体もいる。2014年10月12日 神奈川県川崎市

♀幼羽 juv. マガモの翼上面は他の種より、性別、年齢による差が少ない。2014年10月19日 神奈川県川崎市

♀幼羽→第1回生殖羽 juv.→1st-br. 腹に細かく強い点状の幼羽の斑がある。2013年11月12日 東京都大田区

アヒルとマガモ（奥） アヒルはマガモを家禽化したもので、色彩はよく似ているが、大きさが全く異なる。水に浮いている時の姿勢は後部が高くなる。

アイガモ アヒルとマガモを掛け合わせて作ったもので、アヒルよりマガモに似ているがやや大きく、全体にずんぐりとした体型をしている。この個体はマガモと胸の色が違う。

# アカノドカルガモ

*Anas luzonica*
Philippine Duck

■**大きさ** 全長48cm〜58cm。翼開長84cm前後。■**特徴** カルガモより小さく、オカヨシガモより少し大きい。翼鏡は青緑色。足は黄土色で褐色みや灰色みが強いこともある。■**分布** フィリピンに留鳥として生息し、日本では与那国島での記録がある。淡水の湿地、水田などに生息する。■**鳴き声** 「グァグァグァグァ」とマガモによく似ていて少しピッチが高めだが、ほとんど区別がつかない。カルガモともよく似ている。
■**成鳥** カルガモに似ているが体の黒褐色部の色彩は淡い。頭部はおもに赤褐色で黒褐色の太い過眼線が目立つ。嘴はカルガモのように黒くなく青灰色。足の色はカルガモの赤橙色よりはるかに地味な色。■**幼羽** 頭部の赤褐色は成鳥より淡く鈍い色。翼鏡も色味が弱い。

**アカノドカルガモの群れ** 2015年3月26日 フィリピン・カンダバ湿地 西川正昭

# カルガモ

*Anas zonorhyncha*
Eastern Spot-billed Duck

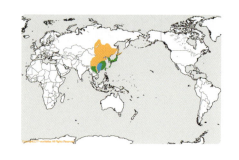

■**大きさ** 全長58cm～63cm。翼開長83cm～91cm。■**特徴** 大型のカモで、マガモとほぼ同じ大きさ。♂♀の羽色、模様は似通っていて違いが少ない。全身ほぼ黒褐色で顔と頸は淡色。嘴は黒く、先端に目立つ黄橙色部がある。足は赤味のある橙色。翼鏡はぐんじょう色で、翼鏡を挟んで前後に狭い白色帯がある。白色帯はマガモより狭く、大雨覆の白色帯はほとんどない個体も多く、個体差がある。大雨覆の白色帯が通常より広い個体はマガモとの雑種の可能性も考慮する必要がある。■**分布・生息環境・習性** 日本全国に普通に分布繁殖し、周年見られる。ただ、北海道ではおもに夏鳥で、冬期は南に渡る個体が多い。河川、池沼、沿岸、河口、水田など幅広い環境に生息する。おもに植物食で、イネ科植物の種子、植物片、ドングリなど。そのほか水棲の生物も食べる。潜水採餌をすることもある。■**鳴き声** 「グゥワッ、グゥワッ、グゥワッ」と一定の間隔を置いて鳴き、また、高い調子で始まり、「ゲェゲェゲェゲェゲェゲェ」とだんだんトーンを落として鳴く。

■**♂成鳥** 一年中目立った変化はない。他の種の♂生殖羽に相当する色彩豊かな羽衣がなく、年中、他の水面採餌カモのエクリプスに相当する地味な羽色のままである。体の暗色部は光線により紫光沢が見られる。♀成鳥とは、●上尾筒、下尾筒がより濃く、艶のある黒色で褐色みがないこと、●背、肩羽、脇などの淡色の羽縁が狭くてあまり目立たず、全体により暗色に見えることなどで見分けることができる。ただ、羽縁の幅、上尾筒、下尾筒の♂♀の差があまり顕著でない場合もあるので、注意深く観察する必要がある。●やや大きく、嘴が長いことからも♀との区別が可能。●中央尾羽は♂が濃い傾向がある。ただ、個体差があることと、光線の状態で見え方が変わり、判断が難しい場合もある。幼羽とは、●脇の羽がより丸みがあり大きいこと、●胸から腹にかけての斑も大きめで、幼羽ほど細かい縦斑が整然と密集して並んでいないことなどで見分けることが可能。●足はより鮮やかな橙色。●蹼も橙色で幼羽は灰色みが強い。ただ、成鳥でも灰色みを帯びることがあるので要注意。

■**♂幼羽** 成鳥とは、●脇最上列の各羽の先が尖り気味で、Ⅴ字状に見え、成鳥のような丸みがないこと、胸から腹にかけての縦斑が細かく、密に整然と並んでいることなどで識別可能。●背、肩羽、脇の羽の羽縁は羽の先端で欠けていることが多い。●蹼は成鳥がおもに橙色なのに対し灰色なので、識別の補助条件として参考になる。♀幼羽との識別はかなり難しく、特に早期は困難だが、全体に色味が濃く、上尾筒、下尾筒に褐色みが少なくより濃色なこと、大きさ、嘴の長さなどで識別が可能な場合もある。

■**幼羽→第1回生殖羽** ●脇の羽最上列に、先が尖ったⅤ字状の幼羽が残っていれば、幼羽から成鳥羽に換羽中と識別するこ

とが可能。脇の羽最上列は遅くまで換羽しないので、幼鳥、成鳥の識別に役立つ。換羽した新羽は丸みがあり濃く、古い幼羽は丸みがなく淡いのが普通。●嘴に灰色みが残っている場合も識別の助けになる。成鳥は多くの場合嘴が橙色。例外もあるので他の識別点を合わせ、総合的に判断する必要がある。

■♀**生殖羽** ♀非生殖羽とは、●三列風切にさまざまな程度に褐色の斑が現われるのが最も異なる。非生殖羽は♂に似た三列風切で、黒褐色に白い羽縁が目立つ。生殖羽に換わる時期は個体によりかなりずれがある。♂成鳥とは、●三列風切に褐色の斑が

あることで見分けが可能。●上尾筒、下尾筒がやや淡く、褐色味を帯びることも見分けに役立つ。●つがいでいれば、♀のほうが少し小さいことでも見分けが可能。

■♀**非生殖羽** ♀生殖羽との識別は♀生殖羽の項を参照。●成鳥との識別は♂成鳥の項を参照。♀幼羽とは、●脇の羽に丸みがあること、●胸、腹の斑は幼羽ほど細かく密集して整然と並んでいないこと、●各羽の羽縁が先端で途切れないことなどで区別可能。

■♀**幼羽** ♀成鳥との識別は♀非生殖羽の項を参照。♂幼羽との識別は♂幼羽の項を参照。

♂**成鳥** ad.

♂は黒色

♀**成鳥** ad.

♂、♀とも白色帯がある個体もいる

### カルガモの潜水採餌

水面採餌ガモの潜水採餌はさほど珍しいものではなく、餌の種類によっては、かなり頻繁に行われているものと思われる。マガモ、トモエガモがドングリを採るのはよく見るし、ほとんどの種類で潜水採餌が観察されている。

カルガモが川底に投棄された白米を食べるため潜水する瞬間。

体は完全に水中に没している。

カルガモ

♂成鳥 ad. ♀より暗色で、特に上・下尾筒は艶のある黒色。個体差があり、上・下尾筒以外はもっと淡色の個体もいる。2010年1月17日 東京都大田区

♀非生殖羽 non br. ♂より背、肩羽、脇の羽縁が目立ち、全体に淡色。上、下尾筒は褐色みがある。2010年1月17日 東京都大田区

♀生殖羽 br. 生殖羽では三列風切にさまざまな程度の褐色斑が現れる。2015年4月12日 神奈川県川崎市

♂非生殖羽 non br. 繁殖期の終盤、換羽のため初列風切が一斉に脱落して飛べなくなった状態。2001年8月23日 神奈川県川崎市

幼羽→第1回生殖羽 juv.→1st-br. 脇最上列にV字状に尖り気味の幼羽が残り、二列めは丸みがある新羽に換羽している。肩羽も濃い羽が換羽した新羽。2013年9月22日 神奈川県川崎市

♂幼羽 juv. 早期の幼羽の段階では性別の見分けはかなり難しい。♂♀が近距離で同一の向きで並ぶなど、条件がよい場合見分けが可能。♂が大きく羽色が濃い。嘴の長さも随分違う。2013年9月8日 神奈川県川崎市

♀ **幼羽 juv.** 胸から腹は幼羽独特の整然と並んだ細かい縦斑が目立つ。2012年9月9日 神奈川県川崎市

♀ **非生殖羽 non br.** 大雨覆に白色帯が目立つ個体。2012年10月14日 神奈川県川崎市

**幼羽 juv.** 脇の羽が見えていて、V字状に尖っているのがわかる。大雨覆に白色はほとんどない。2013年9月19日 神奈川県川崎市

♂ **成鳥 ad.** 上尾筒が一様に黒い。翼のパターンは性別、年齢に関係なくほぼ同じ。2015年4月12日 神奈川県川崎市

**幼羽 juv.** 淡色の羽縁の多くは羽先で途切れる。

**成鳥 ad.** 淡色の羽縁は普通羽先で途切れない。

カルガモ

♀**生殖羽と雛**　2012年5月30日 神奈川県川崎市

雛　2012年6月7日 神奈川県川崎市

雛　2012年6月17日 神奈川県川崎市

雛　2012年8月26日 神奈川県川崎市

雛　2012年9月9日 神奈川県川崎市

# ミカヅキシマアジ

*Anas discors*
Blue-winged Teal

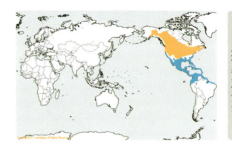

■**大きさ** 全長37cm〜41cm。翼開長58cm〜69cm。■**特徴** コガモと同大か少し大きめで、シマアジよりやや小さめの小型のカモ。頭は丸みがあり、嘴は黒くて長めで、足が橙黄色。■**分布・生息環境・習性** ごく稀な迷鳥で記録は1例のみ。1996年冬に愛知県の木曽川で♂幼鳥が1羽記録された。北アメリカ北部、中部で繁殖し、北アメリカ南部、南アメリカ北部に渡り越冬する。おもに河川、湿地、浅い池、小さな湖などに生息し、水面に浮いた植物片や種子などを採ったり、水中に頭を突っ込んで水底の水草などを採る。休息時は池や川の縁の植物に隠れるように休む傾向が強い。■**鳴き声** ♂は甲高いピッ、ピッ、ピッ、ピッまたはツィッ、ツィッ、ツィッ、ツィッと繰り返して鳴く。♀は♂より低いトーンでクワッ、クワッ、クワッ、クワッと繰り返して鳴く。

■**♂生殖羽** 頭部は灰色がかった青紫色で、眼の前方にある大きな白い三日月状斑が目立つ。胸、腹、脇は橙褐色で黒褐色の斑紋がある。上、下尾筒は黒く、脇と下尾筒の間に大きな白斑がある。類似種は見当らず、他種との区別は容易。ハシビロガモはエクリプスから生殖羽に換羽途中に、不鮮明な三日月状斑が現れるが、本種ほどクリアで明瞭な白斑ではない。翼上面の色彩パターンは中、小雨覆が水色で大雨覆が白い帯を形成し、翼鏡は緑色。ハシビロガモの翼上面によく似ている。嘴は黒色で足は橙色。

■**♂エクリプス** ♀成鳥とは、●大雨覆が白いことで区別できる。♀は大雨覆に黒褐色の模様がある。●不明瞭ながら、生殖羽の特徴である三日月状の白い部分の痕跡がエクリプスにも見られる。♀は眉斑の白色が、目の前方部で不明瞭で褐色がかることが多い。幼羽とは●胸の斑が大きめで、腹には斑が少ないことで見分けることができる。幼羽は胸から腹にかけて細かい斑がびっしりと並ぶ。●大雨覆がほとんど白いことでも識別可能。幼羽は黒褐色斑が多く見られる。

■**♂エクリプス→生殖羽** ♂幼羽→第1回生殖羽とは、●大雨覆がほとんど白いことで区別できる。幼鳥は大雨覆に黒褐色斑が多く見られる。●三列風切の黒みが強く、緑色光沢があり、長めなことも参考になる。幼鳥は短めで褐色みがある。ただし、換羽中で三列風切が脱落していたり、伸展中の場合は参考にならない。●同じような羽衣になる時期の違いも識別の参考になる。成鳥のほうが早く生殖羽になり、幼鳥は生殖羽になるのは冬遅くになる。

■**♂幼羽** ♂エクリプスとの識別は♂エクリプスの項を参照。♀幼羽とは●大雨覆の白色が多いことで区別できる。♀幼羽はおもに黒褐色で白いV字模様がある。

■**♂幼羽→第1回生殖羽** ♂エクリプス→生殖羽との識別は♂エクリプス→生殖羽の項を参照。■ ♀**生殖羽** ♀非生殖羽より●肩羽、脇、三列風切の羽縁が広くなり橙褐色みが強くなることから、羽衣がやや明

ミカヅキシマアジ

るい色合いになる。顔も褐色みが強くなる。
■♀非生殖羽　♀生殖羽より●全体にやや地味な色合いになる。♀幼羽より●胸や腹

の斑が大きく不均一で疎らに見える。幼羽は胸から腹にかけて小斑が密に規則的に連なる。

翼上面はハシビロガモによく似ている

♂生殖羽 br.

♂成鳥と異なり大雨覆に黒褐色斑が見られる

♂第1回生殖羽 1st-br.

♂成鳥、♂幼鳥より大雨覆の白色が少ない

♀成鳥 ad.

最も大雨覆の白色が少ない

♀幼羽 juv.

---

近似の
小型カモ5種♀
頭部の比較

**ミカヅキシマアジ**　眼の周囲、嘴基部付近と喉が白色

**アカシマアジ（未記録）**　顔の模様は不明瞭。大きい嘴

**シマアジ**　顔に2本の暗色線。嘴基部付近に白斑

**トモエガモ**　嘴基部に接する丸斑。頬に白色が食い込む

**コガモ**　目立たない顔の模様。嘴が小さい。

ミカヅキシマアジ

♂生殖羽 br. 眼の前方に白く大きな三日月斑があることから、他の種とは容易に識別できる。2015年1月15日 アメリカ・ロサンゼルス

♀非生殖羽→生殖羽 non br.→br. 嘴基部付近の白斑はトモエガモ、シマアジのような単純な丸斑ではなく、喉につながる。眼の周囲も白い。2015年1月15日 アメリカ・ロサンゼルス

♂幼羽→第1回生殖羽 juv.→1st-br. 同時期の♂成鳥に比べ顔の色が弱くまだらで、脇に幼羽が残る。三列風切も褐色みがある幼羽。2015年1月15日 アメリカ・ロサンゼルス

手前から♂生殖羽 br. ♂幼羽→第1回生殖羽 juv.→1st-br. ♀非生殖羽→生殖羽 non br.→br. 2015年1月15日 アメリカ・ロサンゼルス

ミ
カ
ヅ
キ
シ
マ
ア
ジ

♂幼羽 juv. 大雨覆は♀幼羽、♀成鳥より白いが、♂成鳥のように真っ白ではなく、黒斑が一部見られる。2017年9月4日　カナダ・カルガリー

♀幼羽 juv. 大雨覆は♂幼羽より白色部が少ない。胸の斑は成鳥より細かく、脇の羽はV字状に尖る。2017年9月2日 カナダ・カルガリー

♂生殖羽 br. 翼下面のパターンはトモエガモやシマアジに似ている。2015年1月15日 アメリカ・ロサンゼルス

♂生殖羽 br. 翼上面のパターンはハシビロガモによく似ている。2015年1月15日 アメリカ・ロサンゼルス

♂生殖羽 br. 飛翔時も顔の三日月斑が目立つ。足は橙色。2015年1月15日 アメリカ・ロサンゼルス

♀成鳥 ad. 大雨覆は♂より白色が少なく、黒褐部が多い。2015年1月15日 アメリカ・ロサンゼルス

# ハシビロガモ

*Anas clypeata*
Northern Shoveler

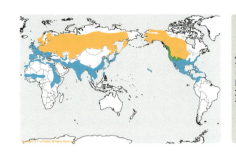

■**大きさ** 全長44〜52cm。翼開長73〜82cm。■**特徴** コガモより大きい中型のカモで、平べったい、しゃもじのような大きい嘴が最大の特徴。■**分布・生息環境・習性** 北海道では少数繁殖するが、その他の地域では冬鳥。湖沼、池、河川、湿地などに生息する。水面に平たく幅広い嘴を浸けて進み、取り込んだ水からプランクトンなどを濾し取る。群れで円を描くように泳ぎ、渦をつくってプランクトンを集める採餌法をよく行う。■**鳴き声** ♂は「コッ、コッ、コッ」とニワトリのような小さな声で鳴く。♀は「クワッ、クワッ、クワッ」「ガーガッガッガッ」と♂より大きい声で鳴く。

■**♂生殖羽** 頭部は黒っぽくて緑色光沢がある。見る角度により青紫色光沢が出る。嘴は黒い。♂成鳥の虹彩はクリアな黄色、または橙黄色。足は橙色、朱色。

■**♂エクリプス** 嘴は基本的には橙色で、さまざまな程度に黒色が混じる。♀非生殖羽とは、●虹彩の色が異なる。♂は澄んだ黄色、橙黄色だが、♀はおもに暗赤で葡萄色(黒っぽい赤)、茜色から黄色まで変化が大きい。●雨覆の色は水色で、♀は♂より色合いが鈍く、灰色みを帯び、淡色の羽縁が目立つことが多い。●眼の周囲が黒味を帯びる傾向があるなど、♀より顔の黒みが強い。●♀より三列風切の黒みが強く、鈍い緑光沢がある。♂幼羽とは、●幼羽は胸から腹にかけて小斑が整然と密に並んでいることで識別できる。●脇の羽は幼羽が各羽の先が尖り気味でV字状に見える。虹彩は澄んだ黄色、橙黄色だが、♂幼羽は黄色の色合いが鈍く黄土色または黄褐色に見えることが多い。●雨覆はクリアな水色で、♂幼羽のややくすんだ濃い水色(水浅葱色)とは異なる。

■**♂エクリプス→生殖羽** ♂エクリプスから生殖羽に換羽する途中、エクリプス羽とも生殖羽とも異なる羽が一部に現れる。この状態はサブエクリプス、サプリメンタリーなどといわれることがある。♂幼羽→第1回生殖羽とは、●三列風切が脱落していなければ識別の重要なポイントとなる。成鳥は黒みが強く、先が尖り、羽軸の太い白色線が先端に突き抜ける。幼羽→第1回生殖は黒みがやや弱く、白色線は細く、羽先は白い羽縁がある。●脇の羽最上列がまだ換羽せず残っていれば、丸みが強い成羽なので見分けられる。幼羽は先が尖り気味でV字状の傾向がある。●虹彩は明るい澄んだ黄色、橙黄色。幼羽→第1回生殖は黄色が鈍くて黄土色。●雨覆は明るい濁りのない水色。幼羽→第1回生殖はくすんだ鈍い水色。●幼羽→第1回生殖羽は遅くまで胸から腹の幼羽が残ることがあるので、この残った幼羽が確認できれば見分けられる。

■**♂幼羽** ♂エクリプスとの識別は、♂エクリプスの項を参照。♀幼羽とは、●虹彩の色が異なる。♀幼羽は暗赤褐色なのに対し、黄褐色または黄土色。●雨覆は、くすんだ濃い水色だが、♀幼羽は青みが少なく

灰黒褐色みが強い。●三列風切は♀幼羽より濃く、やや緑色光沢がある。♀非生殖羽とは、●胸から腹にかけ、幼羽特有の細かい斑が整然と密に並んでいることで区別できる。●脇も幼羽特有の先が尖り気味の羽なので、丸みがある成羽と区別できる。虹彩が黄土色で、おもに暗赤褐色の♀との区別は比較的容易。ただし、♀でも黄褐色〜黄色の個体が稀ではないので要注意。

■♂幼羽→第1回生殖羽 ♂エクリプス→生殖羽との識別は♂エクリプス→生殖羽の項を参照。

■♀生殖羽 ♀非生殖羽より●背、肩羽、脇の淡橙色の羽縁が幅広く、全体に明るめに見える。各羽の模様もより目立つ。●非生殖羽の三列風切は♂に似て無斑だが、生殖羽では、春、淡橙色の斑がある三列風切に換わる。

■♀非生殖羽 ♂エクリプスとの識別は♂エクリプスの項を参照。♀幼羽とは、●幼羽は、胸から腹にかけて、幼羽特有の細かい斑がびっしりと整然と並ぶことで見分けられる。また●幼羽は脇最上列の羽が尖り気味でV字状の傾向がある。●雨覆は、♀幼羽は灰黒褐色みが強く、青みが少ない。

■♀幼羽 ♂幼羽との識別は♂幼羽の項を参照。♀非生殖羽との識別は♀非生殖羽の項を参照。

白帯が幅広い
雨覆がクリーンな水色

♂生殖羽 br.

白帯は♂成鳥より狭い
水色は灰色みを帯びる

♀生殖羽 br.

白帯は♂成鳥より狭い
♂成鳥より鈍い水色

♂幼羽 juv.

白帯は最も狭い
青みが少なく、黒褐色みが強い

♀幼羽 juv.

ハシビロガモ

♂生殖羽 br. 黒くて平べったい大きな嘴が特徴。頭部は黒く、緑色光沢がある。見る角度により青紫色光沢が現れる。2013年1月17日 東京都台東区

♂エクリプス ec.（手前）と♂幼羽 juv. 三列風切で幼、成を確実に識別できる。虹彩の色、嘴の色の違いにも注目。2011年11月22日 神奈川県川崎市

♂エクリプス ec. 全体に♀より暗色。虹彩は橙黄色。嘴はおもに橙色で、一部黒色部がある。三列風切は黒く、緑色光沢がある。2007年10月13日 東京都台東区

♂エクリプス→生殖羽 ec.→br. 脇は最上列にエクリプス羽、2列目に一部サブエクリプスの羽、下列に生殖羽の羽が見られる。2014年11月22日 東京都台東区

ハシビロガモ

♂幼羽→第1回生殖羽 juv. → 1st-br. 虹彩は黄土色。脇最上列にV字状に尖った幼羽が残る。三列風切は黒褐色で、♂成鳥と異なり先端の羽縁は白い縁取りとなる。2010年1月20日 千葉県市川市

♀幼羽→第1回生殖羽 juv. → 1st-br. ♀成鳥と異なり雨覆の褐色みが強い。♂幼鳥より三列風切が淡い。2005年12月23日 東京都三鷹市

♀非生殖羽 non br. 生殖羽より全体に暗色。嘴に小黒斑が散在する。この個体の虹彩は茜色。2014年11月22日 東京都台東区

♀生殖羽 br. 羽縁が薄橙色で幅広く、非生殖羽より全体に明るく見える。三列風切にも薄橙色の斑が見られる。2005年10月8日 東京都台東区

♀幼羽 juv. 三列風切は黒褐色で、♂幼羽より淡い。脇の羽は成鳥より小さい。嘴に成鳥のような小黒斑はない。2006年10月22日 東京都三鷹市

♂幼羽 juv. 幼羽より虹彩が明るい黄褐色で、三列風切は濃く、雨覆は青みが強い。少し換羽している。2010年10月29日 千葉県市川市

ハシビロガモ

♂成鳥ad.の三列風切　羽軸の白線は太く、先に突き抜ける。

♂幼鳥juv.の三列風切　♂成鳥と異なり羽先の羽縁は白く縁取られる。♀幼鳥より黒みが強い。

♀成鳥ad.の三列風切　♀幼鳥より濃いことが多いが個体差がある。

♀幼鳥juv.の三列風切　♂幼鳥より淡く褐色みがある。

♂生殖羽br.　大雨覆の白色帯は最も幅広い。雨覆はクリーンな青。2015年3月15日 東京都千代田区

♀非生殖羽non br.　大雨覆の白色帯は♂成鳥より狭く、♀幼鳥より広い。中、小雨覆は灰色みがある青。2010年1月20日 千葉県市川市

♂幼羽→第1回生殖羽juv.→1st-br.　雨覆は♂成鳥よりやや鈍い青。大雨覆の白帯はやや狭い。2010年1月20日 千葉県市川市

♀幼羽→第1回生殖羽juv.→1st-br.　大雨覆の白色帯は最も狭い。この個体は雨覆は青みがほとんどない。2009年11月29日 東京都千代田区

# オナガガモ

*Anas acuta*
Northern Pintail

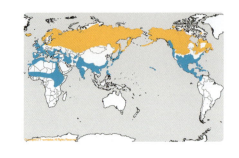

■**大きさ** 全長51cm～76cm。翼開長80cm～95cm。■**特徴** 他の水面採餌ガモに比べ体がスリムで頸が長く、尾羽も長い。■**分布・生息環境・習性** 冬鳥として全国的に多数渡来する。コガモより渡来は遅く、渡去は約1か月早い。河川、湖沼、池、沿岸などに生息し、ハクチョウの渡来地、公園の池などでよく餌付いている。おもに植物食で、水面に浮遊する植物の種子、植物片を採り、逆立ちして水底の水草、藻などを食べる。水生生物も餌とする。稀に潜水採餌をすることがある。■**鳴き声** ♂はニィーニ、ピュルピュルと鳴き、♀はグェッグェッと鳴く。

■**♂生殖羽** チョコレート色の頭に頸からの白色が伸びて食い込む。胸は白くて遠くからも目立つ。黒い中央尾羽が長く伸びる。長めの嘴は黒くて両側面が青灰色。

■**♂エクリプス** 嘴の模様パターンはやや不明瞭になる傾向がある。♀非生殖羽とは、●嘴の側面が青灰色なことで識別可能。♀は嘴全体が鉛色。ただ、♀にも♂ほど明瞭ではないことが多いが、同様の嘴パターンの個体がよくいるので要注意。●雨覆が灰色なことでも容易に識別できる。♀は黒褐色で淡色の羽縁がある。●肩羽は♀ほど斑が目立たない。斑がある場合も、細く弱い横斑の傾向が強い。♂幼羽とは、●胸の斑が大きくて疎らで、腹がほとんど白いことで区別できる。幼羽は胸から腹にかけて細かい斑が密に整然と並んでいる。●雨覆は一様な灰色だが、♂幼羽は、灰褐色で、♀ほどではないが淡色の羽縁がある。♀に近い黒褐色に淡色の羽縁がある個体から、♂に似た灰褐色で比較的淡色の羽縁が目立たない個体まで個体差がある。●肩羽は幼羽ほど斑が目立たない。特に後部肩羽でその違いが明瞭で、淡褐色の地に黒い軸斑がある。幼羽は肩羽各羽の黒褐色の地に明瞭な白色の強い斑が見られる。●嘴の模様パターンは♂成鳥に比べ幼羽では不明瞭なことが多い。♀幼羽との識別は、♂幼羽との識別の場合とほぼ同じ。

■**♂エクリプス→生殖羽** ♂幼羽→第1回生殖羽とは、●まだ換羽していない肩羽を比較すると識別可能。♂成鳥では灰褐色の地に黒い軸斑があり、白い強い斑はあまり見られないが、♂幼鳥では黒っぽい地に白い明瞭な斑が見られる。●陸に上がっている場合などは、腹が見えれば識別しやすい。♂成鳥の腹は白いが、♂幼羽→第1回生殖羽は遅くまで細かい斑が残ることがあるので、これが確認できれば識別できる。●雨覆が一様に灰色だが♂幼羽→第1回生殖羽は褐色みがあり、羽縁が目立つことが多い。

■**♂幼羽** ♀幼羽とは、●♂は幼鳥、成鳥にかかわらず最外三列風切が黒いので、黒褐色、灰褐色の♀とは比較的容易に区別できる。まれに例外があるので要注意。●嘴は普通♂は側面が青灰色で、♀は全体が鉛色だが、幼羽では青灰色部が不明瞭な♂がいるし、逆に、♂に似たパターンの♀もいる。幼羽の場合、嘴の模様パターンは参考

程度に止めたほうが無難。●雨覆は灰褐色に淡色の縁取りがあり、黒褐色に淡色の縁取りがある♀幼羽と区別が可能だが、♂幼羽には灰褐色がかなり濃い個体もいるので要注意。●翼鏡でも区別が可能だが個体差、光線の具合による見え方の変化などに注意が必要。基本的には♂が緑色、♀が茶色（赤朽葉色）だが、♂は場合によってはえんじ色、♀は不鮮明な緑色、茶と黒のまだら模様だったりする。♀成鳥とは、●最外三列風切が黒いことの他、●胸から腹にかけ幼羽独特の細かい整然と並ぶ斑があることで識別できる。♂エクリプスとの識別は♂エクリプスの項を参照。

■♂幼羽→第1回生殖羽　♂エクリプス→生殖羽との識別は♂エクリプス→生殖羽の項を参照。

■♀生殖羽　♀非生殖羽と最も違いが目立つのは三列風切で、●♂に似た非生殖羽の三列風切を、春に橙褐色の斑が目立つ生殖羽の三列風切に換羽する。渡去する前には多くの個体が換羽しているが、12月に換羽しているものがいる反面、渡去後になるものもいる。●羽縁が幅広くなり、各羽の斑や羽縁の橙褐色みが強くなる。

■♀非生殖羽　♂エクリプスとの識別は♂エクリプスの項を参照。♀幼羽に比べ●胸から腹にかけての斑が大きく、腹は斑が少なく白い部分が多い。幼羽は胸から腹にかけ幼羽独特の細かい斑がびっしり整然と並んでいる。

■♀幼羽　♂幼羽との識別は♂幼羽の項を参照。♀非生殖羽との識別は♀非生殖羽の項を参照。

オナガガモ

橙褐色の帯
雨覆は灰色

♂生殖羽 br.

橙褐色は淡く幅は狭い
褐色で羽縁が目立つ

♀成鳥 ad.

橙褐色帯は
♂成鳥より淡く狭い

♂幼羽 juv.

淡色帯は最も狭く、
橙褐色みはないことが多い

♀幼羽 juv.

オナガガモ

♂生殖羽 br. ♂幼鳥と異なり腹は白い。ただ、換羽が早く、腹が白くなった幼鳥もいるので要注意。2013年2月3日 埼玉県さいたま市

♂幼羽→第1回生殖羽 juv.→1st-br.（手前）と♂エクリプス→生殖羽 ec.→br. ほぼ同じ換羽の進行具合の幼鳥と成鳥。肩羽の違いがよくわかる。幼鳥は縦斑傾向で太く明瞭。成鳥は横斑で細くて目立たない。幼鳥の嘴はまだ黒と青灰色のパターンが不明瞭。2010年10月29日 千葉県市川市

♂エクリプス ec. ♂幼羽より肩羽の斑が弱くて目立たないことが多い。2010年10月29日 千葉県市川市

♂幼羽→第1回生殖羽 juv.→1st-br. 肩羽の明瞭な斑の幼羽と、腹の斑で幼鳥とわかる。腹の幼羽の部分は鉄分を含む水で赤錆色に染まっている。2009年12月8日 神奈川県横浜市

オナガガモ

♀非生殖羽 non br.　生殖羽より色味が乏しく地味。三列風切は生殖羽のような橙褐色の斑がない。2012年10月21日 東京都台東区

♀生殖羽 br.　全体に非生殖羽より橙褐色みを帯びる。三列風切にも橙褐色の斑が現れる。2010年2月24日 東京都足立区

♂幼羽 juv.　胸から腹に幼羽の特徴である小斑が密に並ぶ。嘴の模様パターンは不明瞭。♂は最外三列風切が黒い。2006年10月15日 東京都台東区

♀幼羽 juv.　♂幼羽とは最外三列風切が黒くないことで識別可能。まれに黒に近い♀がいるので他の識別点も確認すること。2010年10月29日 千葉県市川市

♀幼羽→第1回生殖羽 juv.→1st-br.　春まで腹に幼羽が残っている個体。三列風切も擦れた幼羽。嘴は♂と同じ色彩パターン。2012年4月1日 千葉県浦安市

♂成鳥 ad.（左）と♀成鳥 ad.（右）　♂のような嘴の色彩パターンの♀は稀ではないので、♂♀の識別は他の識別点も併せて判断する必要がある。2010年2月24日 東京都足立区

オナガガモ

♂生殖羽 br. 大雨覆の橙色の帯が♂幼鳥、♀成鳥より幅広く鮮明。2013年12月8日 神奈川県川崎市

♂第1回生殖羽 1st-br. 大雨覆の淡色帯は♂成鳥より淡く幅が狭い。2013年2月3日 埼玉県さいたま市

♀生殖羽 br. 大雨覆の淡色帯は狭く、橙色は淡い。2013年3月3日 東京都大田区

♀幼羽→第1回生殖羽 juv.→1st-br. 大雨覆の淡色帯は♀成鳥より狭く白い。稀に♀成鳥と同程度の淡色帯の個体がいる。2012年2月12日 千葉県浦安市

### オナガガモの♂♀簡便識別法

オナガガモの♂♀は年齢に関わらず最外三列風切の色で識別可能。♂は黒色で♀は灰褐色から黒褐色。♀で稀に雄化の影響他で黒い例があり注意を要するが、ほとんどこの識別点で識別可能である。影に入るなど光線の条件で♀でもかなり濃く見えることがあるので要注意。念のため他の識別点も併せて確認すること。

♂幼鳥 juv.

♀幼鳥 juv.

# シマアジ

*Anas querquedula*
Garganey

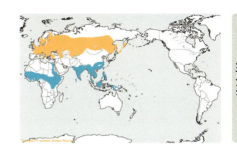

■**大きさ** 全長37cm〜41cm。翼開長59cm〜67cm。■**特徴** コガモより少し大きい小型のカモ。嘴も少し大きい。翼上面は初列風切、初列雨覆の外弁に淡色部があるなど、他の種より淡色に見える。生殖羽への換羽が他の多くの種より遅い。■**分布・生息環境・習性** 日本ではおもに旅鳥として春と秋に見られる。春はつがいか少群で見られ、秋通過するのは大部分幼羽である。北海道、愛知県で繁殖したことがあり、沖縄県などで少数越冬する。■**鳴き声** ♂は「ギリッ」「ギギギギ」と濁った、何かがきしむような声。♀は「クウェクウェクウェクウェ」と、マガモより軽く高いピッチで鳴く。

■**♂生殖羽** 海老茶色の頭部に白く幅広い眉斑が目立ち、この際立った外観から他種との識別は容易。嘴は生殖羽では濃いピンク色みを帯びる。黒、白、青灰色の3色に分かれ長く垂れた肩羽も特徴的。脇は白くて灰黒色の細かい波状斑がある。

■**♂エクリプス** ♀非生殖羽とは、●雨覆が淡青灰色なことで見分けられる。♀は灰黒褐色に灰白色の羽縁が目立つ。●飛翔時や伸びをした時見られる、翼鏡を挟む2本の白色帯が♀より幅広い。●眉斑は♀より白い傾向が強い。♀は褐色がかる傾向が強く、特に目の前方で顕著。♂幼羽とは、●胸の斑が大きめで、腹はほとんど白いことで区別できる。幼羽は細かくて規則的な斑が、胸から腹にかけて密に連なる。●脇の羽最上列の各羽は丸みを帯び、幼羽のように先が尖り気味ではないことも識別に役立つ。●雨覆は♂成鳥がクリーンな淡青灰色なのに対し、♂幼羽は淡青灰色の各羽に灰褐色の斑がある。ただ光線の状態などにより、♂幼羽の雨覆が成鳥の灰色に近く見えることもあるので注意を要する。●近距離で観察できれば虹彩も識別に役立つ。成鳥は茜色だが、幼羽は灰褐色。

■**♂エクリプス→生殖羽** 生殖羽への換羽の完了は個体差が大きいが、他の多くの水面採餌ガモより遅い。♂幼羽→第1回生殖羽とは●雨覆がクリーンな淡青灰色なことで識別できる。♂幼鳥の雨覆は淡青灰色に褐色部が混じる。●翼鏡を挟む2本の白帯が幅広いのも識別に役立つ。●脇の羽最上列がまだ換羽せず残っていれば、丸みがある成羽なので、識別の参考になる。

■**♂幼羽** 成鳥との識別は♂エクリプスの項を参照。♀幼羽とは、雨覆が淡青灰色で灰褐色が混じるので見分けられる。♀幼羽は灰黒褐色で淡色の羽縁がある。●飛翔時や伸びをした時見られる翼鏡を挟む2本の白色帯が♀幼羽より幅広い。●識別の補助になる程度だが、眉斑の白味が強い傾向があり、♀幼羽は褐色味を帯びる傾向が強い。

■**♂幼羽→第1回生殖羽** ♂エクリプス→生殖羽との識別は♂エクリプス→生殖羽の項を参照。

■**♀生殖羽** ♀非生殖羽より●肩羽、脇の羽の淡色の羽縁が幅広くなり、全体に羽衣が明るく見える。●淡色の羽縁はしばしば

黒褐色の軸斑部に食い込み、切れ込み模様となる。
■♀非生殖羽 ♂エクリプスとの識別は♂エクリプスの項を参照。♀幼羽とは、●胸から腹にかけての斑の違いで見分けが可能。斑が大きめで幼羽ほどびっしり、整然と並ぶことはない。特に腹は白っぽく斑が少ない。●脇の羽最上列の各羽が幼羽より大きめで丸みがある。幼羽は先端が尖り気味でV字状に見える傾向が強い。●虹彩は茜色で、幼羽の灰褐色とは異なる。♂幼羽とは●♀幼羽の場合と同じ識別点が適用できるのに加えて、●雨覆の違いが顕著。♂幼羽は雨覆が♂成鳥に似た灰色で、わずかに褐色みがある。

■♀幼羽 ♂幼羽との識別は♂幼羽の項を参照。♀非生殖羽との識別は♀非生殖羽の項を参照。

♂生殖羽 br.

2本の幅広い白帯
雨覆は淡灰色

♂第1回生殖羽 1st-br.

白帯は♂成鳥より狭い
雨覆の淡灰色は♂成鳥より褐色みがある

♀成鳥 ad.

白色帯は♂より狭い
雨覆は灰黒褐色で淡色の羽縁がある

♀幼羽 juv.

白色帯は最も狭い傾向があるが、個体差がある。

♂生殖羽 br.
— 眼の上から後頸まで伸びる白い眉斑が特徴
— 黒、白、青灰色の3色に分かれた肩羽が長く伸びる

♂エクリプス ec.
淡灰色の雨覆で♀や幼羽と識別できる。ただ♂幼羽は光線の状態により淡灰色に見えることがあるので注意が必要

♂エクリプス→生殖羽 ec.→br.
褐色みがないクリーンな淡灰色

♂幼羽→第1回生殖羽 juv.→1st-br.
脇の羽は成鳥より尖り気味
♂成鳥より褐色みがあるが差は比較的少ないので注意深い観察が必要

シマアジ

♂生殖羽 br.　眉斑の白色が後頸まで伸びていて特徴的。2014年5月18日 東京都三鷹市（飼育個体）

♂エクリプス ec.　中、小雨覆がクリーンな淡灰色であることで、♀や幼鳥と区別できる。2007年10月28日 東京都三鷹市（飼育個体）

♂エクリプス→生殖羽 ec.→br.　小、中雨覆が淡灰色で、幼鳥のような灰褐色みがない。脇の羽は幼羽より丸みがある。2014年2月13日 東京都三鷹市（飼育個体）

♂幼羽→第1回生殖羽 juv.→1st-br.　この画像では見えていないが、小、中雨覆に灰褐色部がある。幼鳥の脇の羽最上列は成鳥よりやや尖り気味。1995年1月27日 東京都三鷹市（飼育個体）

♂第1回生殖羽 1st-br.　静止時は成鳥との区別は難しいが、小、中雨覆に灰褐色部があるのと、翼後縁の白色帯が狭いことで区別できる。2012年4月8日 千葉県市川市

♂第1回生殖羽 1st-br.　左の個体と同一。翼鏡を挟む2本の白色帯が♂成鳥より狭く、雨覆に褐色斑が残ることで、第1回生殖羽とわかる。2012年4月8日 千葉県市川市

シマアジ

♀非生殖羽 non br.　灰黒褐色の雨覆が見えていることで♂エクリプスと区別できる。2007年10月28日 東京都三鷹市（飼育個体）

♀生殖羽 br.　非生殖羽より羽縁が幅広くて橙褐色みが増し、全体に明るく見える。2013年4月28日 東京都三鷹市（飼育個体）

♀幼羽 juv.　胸から腹にかけて幼羽特有の細かい斑が連なる。脇の羽最上列は成鳥より尖る。2009年8月18日 東京都三鷹市（飼育個体）

♂幼羽 juv.　♀幼羽とは小、中雨覆の灰色みが強いこと、翼鏡を挟む2本の白色帯が幅広いことで区別できる。2008年9月14日 神奈川県海老名市

♀成鳥 ad.（上）　成鳥の虹彩は赤みが強い。2013年9月19日 東京都三鷹市（飼育個体）
♀幼羽 juv.（下）　幼羽の虹彩は赤みがない。2009年8月18日 東京都三鷹市（飼育個体）

雛　孵化5日目のヒナ。顔の模様パターンは親と同じで、過眼線と頬線が明瞭にある。2015年6月27日 東京都三鷹市（飼育個体）

♂エクリプス ec. 雨覆が一様に淡灰色なことで成鳥とわかる。2010年10月14日 東京都三鷹市（飼育個体）

♂幼羽 juv. 雨覆は淡灰色の地に灰褐色の斑がある。♂成鳥より褐色みがあり、♀より灰色みがある。翼鏡を挟む2本の白帯は♂成鳥より狭く、♀より広い。1994年9月17日（飼育個体）

♀幼羽 juv. ♂幼羽とは雨覆の色の違いと、翼鏡を挟む2本の白線が狭いことで、容易に識別できる。1994年9月17日 東京都三鷹市（飼育個体）

♀非生殖羽 non br. 雨覆が灰黒褐色で淡色の羽縁がある。♂は灰色。翼鏡を挟む2本の白帯が♂より狭い。2012年2月19日 東京都三鷹市（飼育個体）

♀非生殖羽 non br. 雨覆、風切羽がすべて明瞭な白い羽縁に縁取られている個体。2014年10月14日 東京都三鷹市（飼育個体）

# トモエガモ

*Anas formosa*
Baikal Teal

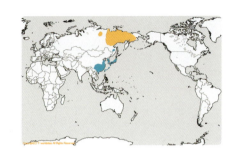

■**大きさ** 全長36cm〜43cm。翼開長65cm〜75cm。■**特徴** コガモより少し大きい小型のカモ。顔の独特の模様が特徴。嘴は黒く足は黄色い。■**分布・生息環境・習性** 極東ロシアで繁殖し、冬は朝鮮半島、中国、日本まで南下する。日本海側に多く、太平洋側では少ないが、局地的に大群が見られることがある。池沼、湖、湿地、河川などで群れで越冬する。おもに植物食でイネ科の植物、ドングリなどを食べる。水中のドングリを潜って採ることも珍しくない。地上にもよく上がる。大きな群れの個体群は警戒心が強く人を近付けない反面、都市部の公園で単独か数羽でカルガモやコガモに混じる個体は人を恐れない。
■**鳴き声** ♂は「クゥワックオッ」と低音の太い声で鳴く。
■**♂生殖羽** 頭部の橙黄色と緑色、黒色の巴模様が特徴的。額から頭頂は黒色で、茶色みが強い個体もいる。胸は紫褐色で黒点があり、脇との境に白線がある。脇は青みが強い灰色。下尾筒の黒色の前にも白線がある。上部の肩羽は長く弧を描いて脇まで垂れ下がる。
■**♂エクリプス** ♂幼羽と比べ、●脇最上列の各羽は大きめで丸みが強い。幼羽はV字状に先が尖り気味。本種は特に成鳥と幼鳥の羽の形状の違いがわかりやすい。●胸の斑が大きめで腹はほぼ白い。幼羽は胸から腹にかけて細かく均一な斑が整然と、密に並んでいる。●肩羽は幼羽より長く伸びている。♀非生殖羽と比べ、●肩羽がより長く伸びていて、●頭部は過眼線が目立たず、より一様に暗色の傾向が強い。●眼から下に延びる暗色線が現れた個体は識別が容易。●全体に♀非生殖羽より橙褐色みが強い傾向がある。♀幼羽との識別は♂幼羽との場合と同様。
■**♂エクリプス→生殖羽** ♂幼羽→第1回生殖羽とは、●遅くまで換羽せずに残る脇最上列を比較すれば識別可能。各羽に丸みがあり幅広く見え、幼羽のように先が尖ったV字状には見えない。●一般に換羽完了が遅いものが幼鳥と考えられがちだが、本種のエクリプスから生殖羽への換羽完了は遅く、1、2月でも脇最上列にエクリプスの羽が残っていることも多い。また、●頭部の模様がくっきりとして色彩が鮮明なものが成鳥と思われがちだが、そうとも言えない。成鳥、幼鳥とも個体差が大きい。●翼上面の模様、色彩パターンは、成鳥、幼鳥で明確な違いは見られない。
■**幼羽** 成鳥とは、●脇最上列の各羽の形状が異なる。成鳥では丸みが強く幅広いのに対し、幼羽は先が尖り気味でV字状に見える。●幼羽は胸から腹にかけ、細かい斑が密に、規則正しく並ぶのが特徴だが、成鳥は斑が大きめで、腹は斑が少なくほぼ白く見える。幼羽の♂♀の識別はかなり難しいが、♂幼羽は眼から下方に伸びる暗色縦線がうっすらと現れると識別が容易になる。●大雨覆の橙褐色の淡色帯は♂のほうが幅広く色彩が濃い。
■**♂幼羽→第1回生殖羽** ♂エクリプス→

生殖羽との識別は、♂エクリプス→生殖羽の項を参照
■♀生殖羽　♀非生殖羽より●全体に橙褐色みが強くなる傾向が強い。●三列風切は黒みが強くなる。他の水面採餌ガモ♀と同様、♂に似た非生殖羽の三列風切から生殖羽の三列風切に換羽するが、他の種ほど非生殖羽の三列風切との違いが明瞭ではない。
■♀非生殖羽　♂エクリプスとの識別は♂エクリプスの項を参照。幼羽とは●脇最上列の丸みが強く、幼羽のように先が尖ったV字状に見えないこと、●胸の斑が大きめで、幼羽ほど密に整然と並ばないこと、●腹がほとんど白く、幼羽の細かい斑が見られないことなどで識別が可能。
■♀幼羽→第1回生殖羽　♀成鳥とは、冬遅くまで換羽せず残っている脇最上列の各羽を比べれば識別可能。成鳥は丸みが強いが、幼羽は先が尖り気味でV字状に見える。

大雨覆に橙褐色帯
緑色の翼鏡

♂生殖羽 br.

橙褐色帯は♂より淡く細い

♀成鳥 ad.

翼上面は♀成鳥とほぼ同じ
♀幼羽とは大雨覆の橙色帯が明瞭で太いことで識別可能

♂幼羽 juv.

翼上面は♀成鳥とほぼ同じ

♀幼羽 juv.

トモエガモ

♂第1回生殖羽 1st-br.
渡来時は幼羽を多く残していた個体。換羽が完了し成鳥とは区別がつかない。この個体は下の♂生殖羽より色彩が鮮明。成鳥が色彩が鮮やかで、幼鳥は色彩が鈍いといわれることがあるが、これは個体差と考えていい。2008年4月2日 千葉県市川市

♂生殖羽 br. 渡来時は脇最上列にエクリプス羽が残っていたことで成鳥とわかる。この成鳥は眼の下方の黒縦線が不明瞭。2013年2月22日 東京都新宿区

♂エクリプス ec. ♀より全体に橙褐色みが強く、頭は眉斑が目立たず一様に暗色の傾向がある。2013年9月1日 東京都三鷹市（飼育個体）

♂エクリプス→生殖羽 ec.→br. 脇に丸く幅広いエクリプス羽が残っていることで成鳥とわかる。このように脇の最上列は遅くまで残るので幼成の識別に役立つ。2010年1月27日 神奈川県川崎市

♂幼羽→第1回生殖羽 juv.→1st-br. 渡来時は幼羽を多く残していた個体。脇に残る幼羽は、成鳥の丸みがある成羽とは異なり、V字状に尖るので識別できる。2008年2月3日 神奈川県川崎市

♀非生殖羽→生殖羽 non br→br. ♀幼鳥とは、脇の丸みがあり幅が広い成羽で識別できる。2012年1月8日 千葉県市川市

♀幼羽→第1回生殖羽 juv.→1st-br. 脇最上列の尖り気味の幼羽と2列めの換羽した丸みがある新羽の対比が鮮明。腹も幼羽。2008年1月3日 千葉県市川市

♂幼羽→第1回生殖羽 juv.→1st-br. 換羽中の♂の識別は脇最上列がポイント。トモエガモは成鳥の脇が特に丸みが強く、幼鳥との差がはっきりしているので識別が容易。2007年11月20日 神奈川県川崎市

♀第1回生殖羽 1st-br. 非生殖羽では♂に似た三列風切だが、生殖羽では濃い黒褐色で橙褐色の羽縁が目立つ羽に換わる。2008年4月2日 千葉県市川市

♂幼羽→第1回生殖羽 juv.→1st-br. 換羽はまだ部分的で幼羽が多く残る。眼の下の黒い縦線が現れ始めている。2007年11月4日 神奈川県川崎市

♂幼羽 juv. 胸から腹にかけ小斑が整然と密に連なる。脇の羽はV字状に尖る。下尾筒に黒色部が現れ始めている。2001年11月24日 神奈川県川崎市

トモエガモ

♂生殖羽 br. 光線の具合によりもっと翼鏡に緑色が現れる。2010年1月27日 神奈川県川崎市

♂第1回生殖羽 1st.-br. 翼上面は♂成鳥と特に違いは見られない。2008年3月3日 神奈川県川崎市

♀非生殖羽 non br. 翼上面、大雨覆の淡色帯は♂より幅が狭く色が淡い。2012年1月8日 千葉県市川市

♀幼羽→第1回生殖羽 juv.→1st-br. 大雨覆の淡色帯は♂より幅が狭く色が淡い。♀成鳥とはさほど変わらない。2008年1月3日 千葉県市川市

雛 1993年7月3日 東京都三鷹市（飼育個体）

♂成鳥（上）、幼鳥（下）の脇最上列の羽比較 トモエガモは幼鳥、成鳥とも1、2月まで脇最上列を換羽しない個体がかなりいるので、これを比較すれば容易に識別できる。

# コガモ

*Anas crecca*
Eurasian Teal

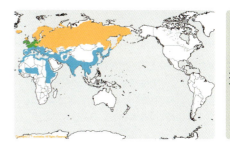

■**大きさ** 全長34cm〜38cm。翼開長53cm〜59cm。■**特徴** 日本で見られる水面採餌ガモでは最小の小型のカモ。飛翔は速くて軽快で、群れでの編隊飛行はシギチドリによく似ている。嘴はほぼ黒く、足は黄土色、緑黄色、緑灰色。■**分布・生息環境・習性** 2亜種あり、亜種*crecca*が日本全国で普通に見られ、アリューシャン列島の亜種*nimia*はやや大きいが、野外での識別は難しいと思われる。秋、最も早くやって来て、春、最も遅くまで残り、9月から4月末頃まで見られる。北海道、本州の中部地方以北の高原でごく少数繁殖する。河川、池、沼沼などに生息し、大きな川や池では50羽から数百羽の群れで見られる。他の水面採餌ガモより小さな川に入る傾向が強く、そのような場所では10羽前後の小さな群れで越冬する。おもに植物食で、藻類やイネ科植物の種子などを食べる。■**鳴き声** ♂は「ピッピィー、ピッピッ」と笛のような高い声を繰り返す。♀は「ゲッ、ゲッ」「クゥエッ、クゥエッ」とマガモより軽く高いピッチで、ひと声ずつ区切って鳴き、また「ゲェーゲッゲッゲッ」と連続音でピッチを少しずつ下げながら鳴く。

■**♂生殖羽** 頭部は栗色で、眼の周囲から後頸にかけて緑色の帯がある。嘴は黒い。体はおもに灰色で、下尾筒が黒く、両側に黄白色の三角斑がある。肩羽には、脇との境界に水平な白線が目立つ。

■**♂エクリプス** ♀非生殖羽と比べ●翼上面、大雨覆の白色帯が幅広い。●雨覆は灰色で羽縁は目立たないが、♀はやや褐色みがあり、バフ色の羽縁があるのが普通。●頭頂は♀より一様な黒褐色になる傾向があり、眉斑も♀より褐色みが強くて目立たず、頭頂から過眼線までがヘルメットを被ったように一様に濃く見える傾向がある。嘴は♀と同じく基部側面に黄色みがある。●肩羽の模様は♀より細くて羽軸に直角になる（横斑）傾向が強い。♀は羽軸に平行（縦斑）の傾向が強い。縦斑、横斑どちらとも判断が難しい見え方の個体もいるが、識別の手がかりとして役立つ。●三列風切は♀、幼羽より長く、先が下に垂れ気味になる傾向が強い。ただし三列風切を換羽中の個体は伸展中で短いことがある。♂幼羽とは、●脇最上列の羽が幼羽のようなV字状に尖らず丸みを帯びていること、●胸から腹にかけての斑が大きめで疎らなことなどで見分けることが可能。幼羽は細かい斑が整然と密に並ぶ。●肩羽の模様が幼羽は縦斑になる傾向が強いのに対し、エクリプスでは細かい横斑になる傾向が強い。縦斑、横斑どちらとも判断が難しい見え方をすることもあるが、識別の手がかりとして役立つ。●翼上面、大雨覆の白色帯がより幅広い傾向が強いが、幼羽でも♂成鳥と同じ程度に見える個体は稀ではない。

■**♂エクリプス→生殖羽** ♂幼羽→第1回生殖羽とは、●脇最上列の羽がまだ換羽せずに残っていれば、その各羽が丸みを帯びることで見分けが可能。幼羽は先が尖り気

味で、V字状に見える。ただ、コガモは他の種に比べ成羽と幼羽の見え方に差が少ない場合があるので注意を要する。●肩羽の模様が幼羽ほど明瞭でないことが多い。幼羽は黒褐色の地に白い明瞭な模様が見られるが、成羽は模様が幼羽ほど目立たない。幼羽は縦斑の傾向が強く、成羽は横斑の傾向が強い。

■♂幼羽　♂エクリプスとの識別は、♂エクリプスの項を参照。♀幼羽とは、識別が難しい場合があるが、●飛翔時や伸びをしている時などに見える大雨覆の白色帯が幅広いことで識別が可能。ただし個体差があるので要注意。●雨覆は♀幼羽のほうがやや褐色みがあり、淡色の羽縁が目立つ。●その他識別の補助的要素として、過眼線、眉斑が♀より不明瞭で顔がやや一様に暗く見える傾向がある。

■♂幼羽→第1回生殖羽　♂エクリプス→生殖羽との識別は、♂エクリプス→生殖羽の項を参照。

■♀生殖羽　嘴は基部側面を中心に黄橙色に強く色付く。♀非生殖羽とは、●三列風切に橙褐色の斑が現れるのが最もわかりやすい相違点。非生殖羽の三列風切は雄に似ていて橙褐色の斑は見られない。●非生殖羽は地味で色味が乏しいが、生殖羽は全体に橙褐色みが強くなる。

■♀非生殖羽　嘴基部の黄橙色は冬期には不明瞭になる。下尾筒に尾羽に沿う白線が見られる。ただ、他種にも見られることがあるので、重視する特徴ではない。♂エクリプスとの識別は♂エクリプスの項を参照。♀幼羽とは、●胸から脇にかけての斑が大きく、幼羽の細かく密に、整然と並んだ斑と異なることで区別できる。●通常、脇最上列の羽と肩羽は丸みがあり、幼羽のようにV字状に尖らない。●大雨覆の白色帯が♀幼羽より幅広い傾向がある。ただし、個体差があるので要注意。♂幼羽との識別は、大雨覆の白色帯以外は♀幼羽との識別点とほぼ同様。

■♀幼羽　♂幼羽との識別は♂幼羽の項を参照。♀非生殖羽との識別は♀非生殖羽の項を参照。

淡色帯はアメリカコガモより幅広く、橙色みが少ない

♂生殖羽 br.

淡色帯は成鳥より狭い傾向がある

♂幼羽→第1回生殖羽 juv. →1st-br.

淡色帯は♀成鳥より狭い

♀成鳥 ad.

淡色帯は♀成鳥より狭い傾向がある

♀幼羽 juv.

コガモ

♂生殖羽 br. 栗色の頭部に、目の周囲から後方に広がる緑色の幅広い帯がある。足は黄土色から灰緑色。2010年3月1日 神奈川県大和市

♂エクリプス ec. 嘴基部は黄色みがある。肩羽の斑はおもに横斑となる。2014年9月13日 神奈川県川崎市

♂エクリプス→生殖羽 ec. → br. 肩羽の斑は幼鳥より弱く、横斑の傾向が強い。三列風切は換羽中で新羽が伸展中。2012年11月4日 神奈川県川崎市

♂幼羽→第1回生殖羽 juv. → 1st-br. 肩羽や脇の羽は成鳥より尖り気味。肩羽の斑は成鳥より強めで縦斑の傾向がある。2007年12月30日 神奈川県川崎市

コガモ

♂幼羽 juv. 胸から腹にかけて規則正しく小斑が連なる。肩羽、脇の羽は尖り気味。顔に緑色がわずかに出ている。2009年12月8日 横浜市青葉区

♀幼羽 juv. ♂幼羽より翼上面、大雨覆の白帯が狭い。雨覆はやや褐色みがあり、淡色の羽縁が目立つ傾向がある。2012年11月7日 神奈川県川崎市

♀非生殖羽 non br. 肩羽の模様は♂エクリプスが横斑なのに対し縦斑の傾向が強い。幼羽より肩、脇の羽に丸みがある。嘴は生殖羽ほど黄色みがない。2013年9月22日 神奈川県川崎市

♀生殖羽 br. 各羽の羽縁、斑が橙褐色に色付く。三列風切に橙褐色の斑が出る。嘴は橙黄色に強く色付く。2013年4月7日 神奈川県川崎市

♂**生殖羽 br.** 大雨覆の淡色帯は幅広い。2014年2月16日 神奈川県川崎市

♀**非生殖羽 non br.** 大雨覆の淡色帯は♂成鳥より幅が狭く、♀幼鳥より幅広い傾向がある。2014年2月16日 神奈川県川崎市

♀**生殖羽 br.** 大雨覆の淡色帯が二重になる個体がよく見られる。先の太い白帯の内側に細い白帯がある。2013年4月7日 神奈川県川崎市

♀**幼羽→第1回生殖羽 juv.→1st-br.** 大雨覆の淡色帯は♀成鳥より狭い傾向があるが、個体差がある。尾羽の摩れた幼羽が目立つ。2014年2月16日 神奈川県川崎市

♂**幼羽 juv.** この個体の大雨覆の淡色帯は幅広く、♂成鳥とあまり変わらない。2013年10月13日 千葉県習志野市

♂**幼羽→第1回生殖羽 juv.→1st-br.** 大雨覆の淡色帯は♂成鳥より狭い傾向が強いが、個体差がある。この個体は狭い。脇の尖った幼羽に注目。2011年11月8日 神奈川県川崎市

コガモ

# アメリカコガモ

*Anas carolinensis*
Green-winged Teal

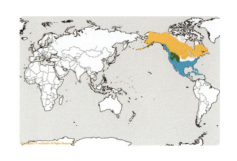

■**大きさ** 全長34cm～38cm。翼開長58cm～64cm。■**特徴** コガモとほぼ同大の小型のカモ。♂生殖羽以外はすべての羽衣でコガモに酷似する。■**分布・生息環境・習性** 北アメリカ北部で繁殖し、北アメリカ中部、および南部に渡って越冬する。日本では数が少なく、コガモの群れに1、2羽混じって越冬しているのが見つかる。コガモ同様、春遅く、4月中旬前後まで越冬地に留まる。池、湖、河川、干潟などに生息し、おもに植物食で、水草、藻、植物の種子、植物片などを摂る。■**鳴き声** コガモによく似ている。♂は「ピッピィー、ピッピッ」と笛のような高い声を繰り返す。♀は「ゲッ、ゲッ」「クゥエッ、クゥエッ」とマガモより軽く高いピッチで、ひと声ずつ区切って鳴き、また「ゲェーゲッゲッゲッ」と連続音でピッチを少しずつ下げながら鳴く。

■**♂生殖羽** コガモ♂生殖羽によく似ているが、胸と脇の境に、水面に対して垂直な太い白線があるのが最も顕著な識別点。コガモは水面に対して水平な白線が下部肩羽にある。眼から後方に伸びる緑色帯の周囲の淡色線はコガモより不明瞭。胸側から脇にかけての波状の横斑はより細かい。胸の薄橙色は濃い傾向がある。

肩羽、三列風切の軸斑はコガモより細いため、体上面はより淡く、一様に見える。最外三列風切の黒条はコガモより短く、先端に届かない。翼上面、翼鏡の前方、大雨覆に見られる淡色帯はコガモより細く、橙色みが強い。雑種コガモ×アメリカコガモ♂は垂直な白線と水平な白線両方が現れる。換羽順序の関係で水平な白線の出現は遅く、早期はアメリカコガモと誤認されやすいので注意を要する。

■**♂エクリプス** 嘴は生殖羽では黒いが、エクリプスでは基部側面が黄色みを帯びる。♀非生殖羽との識別は肩羽の模様、雨覆、三列風切の違い、大きさなどを総合して判断する。●肩羽の模様は細めの横斑になる傾向が強いが、♀は縦斑の傾向が強い。●雨覆は灰色で淡色の羽縁はないが、♀はやや褐色みがあり、淡色の羽縁が目立つ傾向が強い。●三列風切は長めで先が尖り、やや下にカーブする。♀は短めでやや褐色味がある傾向が強い。♂エクリプスの三列風切が換羽中で短い場合もある。●翼上面、翼鏡の前方の淡色帯はより幅広い傾向が強い。♂幼羽とは、●幼羽は胸から腹にかけて小斑が密集して整然と並んでいることが識別の参考になる。脇最上列の羽も成鳥より小さくV字状に尖っている。●エクリプスの肩羽の模様は基本的に横斑で、幼羽は縦斑になる傾向が強い。三列風切は長めだが、換羽中の場合は参考にならない。♀幼羽との識別点は♂幼羽の場合と同じ。●雨覆は一様な灰色で、♀幼羽は褐色みが強く淡色の羽縁がある。

■**♂エクリプス→生殖羽** ♂幼羽ー第1回生殖羽とは、●換羽せず遅くまで残る脇最上列の羽を見れば識別可能な場合が多い。脇の羽に丸みがあり、幼羽のようにV字状

に尖らないことで識別可能。●比較的遅くまで残る肩羽最下列も識別に役立つ。幼羽より丸みがあり、模様は細く弱い横斑の傾向が強く、幼羽はより太くて目立つ縦斑の傾向が強い。

■♂幼羽→第1回生殖羽　♂エクリプス—生殖羽との識別は♂エクリプス—生殖羽の項を参照。

■♀生殖羽　♀非生殖羽より●背、肩羽、脇の羽縁が広くなり橙褐色に色付くため、全体に色調が明るく見える。●三列風切に橙褐色の斑が目立つ。非生殖羽では雄に似た三列風切で、橙褐色の斑はない。

■♀非生殖羽　幼羽との識別は、●幼羽は胸から腹にかけて小斑がびっしり整然と並び、脇と肩羽は小さめでV字状に尖ることで識別可能。●エクリプスとの識別は♂エクリプスの項を参照。

■♂幼羽　♀幼羽とは●雨覆が一様に灰褐色なことが識別の参考になる。♀幼羽は褐色みが強く、淡色の羽縁が目立つ傾向が強い。

■♀幼羽　♂エクリプス、♀非生殖羽、♂幼羽との識別はそれぞれの項を参照。

淡色帯はコガモより狭く、橙色に色付く

♂成鳥より狭い傾向が強い

♂生殖羽 br.

♂幼羽→第1回生殖羽 juv.→1st-br.

雨覆は♂より褐色みがあり羽縁が目立つ

白帯はコガモより広い傾向がある

成鳥より狭い傾向がある

♀成鳥 ad.

♀幼羽 juv.

アメリカコガモ

♂生殖羽 br. 胸側の太い白線が特徴。頭の緑色帯周囲の淡色線は不明瞭。肩羽、三列風切の軸斑はコガモほど目立たない。2014年3月3日 千葉県市川市

♂エクリプス ec. 最外三列風切の黒条でコガモと識別可能。肩羽、三列風切の軸斑がコガモより細いため体上面が一様に見える。2013年10月10日 宮城県仙台市 杉元明日子

♂エクリプス ec. 左と同一個体。大雨覆の淡色帯は橙色で幅が狭く、アメリカコガモの特徴がよく出ている。この個体は継続観察で、生殖羽を確認済み。2013年10月10日 宮城県仙台市 杉元明日子

♂エクリプス→生殖羽 ec.→br. 側胸の白色帯が現れ始めている。コガモの白色帯の現出は換羽順序の関係で遅いので、この状態では交雑個体の可能性が残る。この個体は雑種ではないことを確認済み。2009年10月31日 神奈川県横浜市

♀非生殖羽 non br. 過眼線と頬線の2本の線が明瞭で、嘴基部に接する丸い白斑があり、シマアジ♀に似た顔の模様パターンを示している。2013年12月12日 神奈川県川崎市 ※川崎市のアメリカコガモ♀はすべて同一個体

♀非生殖羽→生殖羽 non br.→br. この個体は頬線があまり明瞭ではない。最外三列風切の黒条の出方はコガモ♀との最も有効な識別点。2015年1月16日 アメリカ・ハンティントンビーチ

♀非生殖羽 non br. 大雨覆の淡色帯はコガモより細く、橙色は濃くて広範に及ぶ。翼後縁の白色帯はコガモより幅広い傾向が強い。2013年12月15日 神奈川県川崎市

♂生殖羽 br. 大雨覆の淡色帯はコガモより細く、橙色は濃くて広範に及ぶ。2013年1月13日 東京都杉並区

♀非生殖羽→生殖羽 non br.→br. 大雨覆の淡色帯の幅が狭く、橙色に色付く。橙色の濃さは個体差があり、また光線の状態で見え方が変わる。2015年1月16日 アメリカ・ロサンゼルス

アメリカコガモ

アメリカコガモ♂成鳥（手前）とコガモ♂成鳥（奥）。2009年12月10日 神奈川県横浜市

### アメリカコガモとコガモの識別

■**最外三列風切の黒条**　アメリカコガモとコガモは、♂生殖羽以外は酷似していて識別は難しく、♀や幼鳥、エクリプスの識別は不可能とされてきたが、この図鑑を執筆する過程で、全年齢に共通する識別点が見つかったのでここで紹介したい。上の写真にはその識別点が明確に表れている。従来からいわれている縦横の白線の出方が異なるのはいうまでもないが、その他に一点、明らかに異なる部分がある。それは最外三列風切（三列風切最下段）で、その黒条の出方が異なるのがわかるだろうか。黒条の上辺に注目していただきたい。コガモの上辺は羽先に向かって伸び、羽軸に合流する。それに対してアメリカコガモの黒条の上辺は、羽先より手前3分の1くらいの辺りに向かって伸びていき、羽軸から遠ざかる。これは♂エクリプス、♀非生殖羽、♀♂幼鳥でも同じである。中にはその特徴があまり明確でない個体も稀に見られるが、ほとんどの場合この識別点が有効である。例外として♀生殖羽ではコガモ、アメリカコガモとも、三列風切を黒条がない羽に換羽するのでこの識別点は消失する。

**アメリカコガモ♀（左）とコガモ♀（右、雄化個体）**　アメリカコガモの三列風切の黒条は羽先手前3分の1程度までなのに対し、コガモは羽先に向かって伸びる。2014年2月2日 神奈川県川崎市

**アメリカコガモ♂成鳥** 黒条の上辺は羽先より手前3分の1ほどの位置に向かって伸びる。そのため羽軸からは遠ざかっていく。2013年1月13日 東京都杉並区

**コガモ♂成鳥** 黒条の上辺は羽先に向かって伸びていく。そのため羽軸先端に合流する。2013年1月13日 東京都杉並区

**アメリカコガモ♀成鳥** ♂同様、黒条の上辺は羽先より3分の1ほど手前に向かって伸びていく。そのため羽軸からは離れていく。2013年12月15日 神奈川県川崎市

**コガモ♀成鳥** ♂同様、黒条の上辺は羽先に向かって伸び、羽軸に合流する。2014年1月23日 千葉県市川市

■**翼上面の淡色帯** 三列風切の黒条に次いで重要な識別点が翼上面の淡色帯の違いで、翼上面、翼鏡を挟む2本の淡色帯のうち、翼鏡前方の淡色帯はアメリカコガモが幅が狭くて、橙色に強く色付く。コガモは個体差があるものの、内側がわずかに色付き、外側に向かうほど白くなる。稀にコガモで橙色に強く色付く個体がいるので、他の識別点を総合して判断する必要がある。

**アメリカコガモ♂成鳥** 翼上面の淡色帯は橙色に強く色付いていて、コガモより幅が狭い。2014年3月3日 千葉県市川市

**コガモ♂成鳥** 翼上面の淡色帯は幅広く、ほとんど白い。内側数枚がわずかに橙色に色付く。2014年4月27日 神奈川県川崎市

**アメリカコガモ♀成鳥** 大雨覆の淡色帯は橙色に強く色付き、幅は狭い。2013年12月12日 神奈川県川崎市

**コガモ♀成鳥** 大雨覆の淡色帯は幅広く、橙色は弱く、白色に近い。2013年4月7日 神奈川県川崎市

■**顔の模様パターン** ♂♀とも顔の模様の出方が異なっていて、特に酷似していて識別が難しい♀の場合は、この顔の模様の違いが識別の一つの手掛かりとなる。ただし個体差が大きく、顔の向きのわずかな違いで見え方が異なるなど、注意が必要である。コガモにも似たパターンを示す個体が稀ではないので、決定的な識別点にはならない。

**アメリカコガモ♂成鳥** 緑色帯を縁取る淡色線はあまり目立たない。2013年1月13日 東京都杉並区

**コガモ♂成鳥** 緑色帯の周囲は明瞭な淡色線で縁取られる。2014年1月23日 千葉県市川市

**アメリカコガモ♀成鳥** 顔に過眼線と頬線、2本の線が目立つことが多いが個体差がある。2013年12月29日 神奈川県川崎市

**コガモ♀成鳥** 顔の頬線は目立たない個体が多いが個体差がある。2014年1月23日 千葉県市川市

# 雑種

**コガモ×トモエガモ♂** 脇にエクリプス羽が残る

　カモ科の鳥は他のグループの鳥より、はるかに自然環境下でも交雑しやすく、雑種を生ずることが稀ではない。ありとあらゆる組み合わせの雑種が報告され、撮影された画像が残されている。雑種が多く見つかる一因として、カモが他のグループの鳥より観察しやすく、その分、雑種の発見の確率が高くなるということもいえる。

　しかし、やみくもに交雑が起こり、雑種が出来ているかというとそうでもなく、野外でカモを観察していて雑種に出会う確率は、ヒドリガモ×アメリカヒドリとカルガモ×マガモなど、一部の組み合わせの雑種を除いて非常に低い。雑種に興味を持って観察したくて探しても、出会うことはたいへん困難なのだ。

　報告されている雑種がすべて自然環境下でできたものとはいえず、かなりの割合で、飼育下でできたものが逸出し、それらが混じっている可能性がある。欧米での雑種の観察頻度が日本での頻度よりはるかに高く、多種多様な雑種が見られるのは、飼育が日本と比べ物にならないくらい盛んなことが関わっていると思われる。その分、ほとんど不可能と思える組み合わせの雑種まで誕生し、野外に逸出してしまっていると考えられる。

　これまで報告された雑種を通観して、トモエガモを親に持たない雑種の多くに、トモエガモに似た顔の模様パターンが現れることに気付く。このことから、わが国のトモエガモが関連した雑種とされている過去の記録（たとえばトモエガモ×マガモ、トモエガモ×コガモなど）についてもう一度検証し直す必要があるのではないかと思う。

　雑種は生殖能力がなく、子孫を残せないといわれるが、カモの雑種には生殖能力があることが稀ではない。下の写真は雑種マガモ×カルガモ♂（右手前）とカルガモ♀（最も左）のつがいと、その5羽の雛。この5羽のヒナのうち1羽の♂も翌年カルガモ♀とつがいになり、繁殖に成功した。日本で繁殖するカモは大部分カルガモだが、マガモとの雑種と思われるものがしばしば見られる。しかしその中にはマガモを原種とする家禽、アヒルやアイガモとの雑種が多く含まれる。これらの家禽の管理をしっかりして、カルガモとの無用な交雑を防ぐ必要がある。

　雑種は常に同じ羽衣になるとは限らず、両親の特徴が少しずつ異なった表れ方をするので、ここに掲載したイラスト、写真は各雑種の羽衣の一例と思っていただきたい。

雑種

**カルガモ×マガモ♂**
よく見られる雑種。嘴の黒色はカルガモの特徴。頭の緑色は少なく不完全。

**ヒドリガモ×アメリカヒドリ♂**
ヒドリガモの群れに数羽混じっている。最も見られる雑種。ヒドリガモ寄りの個体。

**コガモ×アメリカコガモ♂**
比較的よく見られる雑種。水平と垂直の2本の白線がある。

**オナガガモ×マガモ♂**
毎年どこかで記録され、比較的よく見られる雑種。尾羽は両種の中間。

**ヨシガモ×ヒドリガモ♂**
ほぼ毎年全国で数羽観察される。頭部はヨシガモの模様が現れることが多い。

**オナガガモ×トモエガモ♂**
毎年どこかで観察され、比較的見られる雑種。眼の下の縦線はトモエガモより太いことが多い。

**オナガガモ×コガモ♂**
毎年全国で1、2例観察される。トモエガモに似た顔の模様パターンになることが多い。

**ヒドリガモ×コガモ♂**
比較的少ない雑種。頭部はコガモで体はヒドリガモ寄り。嘴は両種の中間。

**ヒドリガモ×トモエガモ♂**
少なくとも2例の記録があるが多くはない雑種。頭部はトモエガモで体はヒドリガモ寄り。

**ヨシガモ×オカヨシガモ♂**
多くなく、あまり見られない雑種。ほぼ両種の中間になっている。

**オナガガモ×オカヨシガモ♂**
日本では稀な雑種。オカヨシガモが関わった雑種は顔の下半分が淡色になる傾向がある。

**マガモ×オカヨシガモ♂**
1例の撮影記録がある。欧米ではしばしば観察される。黒い嘴にマガモの黄色が現れている。

雑種

**トモエガモ×コガモ♂**
最近新潟県での撮影記録があり、海外では飼育下と思われる撮影記録がある。

**オナガガモ×ヒドリガモ♂**
日本では稀な雑種。トモエガモに似た顔の模様パターンだが、縦の黒線は少し後ろにずれる。

**マガモ×ヒドリガモ♂**
日本での記録はないと思われる。縦の黒線はトモエガモより太く、出る位置が異なる。

**マガモ×コガモ♂**
ヨーロッパでの記録がある。嘴は中間的。胸はマガモの赤みが出ている。体型はコガモの影響で寸詰まりの傾向。

**ヒドリガモ×オカヨシガモ♂**
ヨーロッパでの記録がある。胸にオカヨシガモの小紋模様が現れている。

**ハシビロガモ×オカヨシガモ♂**
日本での記録はないと思われる。この雑種もオカヨシガモの雑種らしく顔の下半分が淡色。

**ヒドリガモ×ハシビロガモ♂**
日本での観察記録はないと思われる。この雑種も眼の下に黒縦線が出ている。

**マガモ×ハシビロガモ♂**
日本での記録はないと思われる。ハシビロガモが関わった雑種は嘴で容易にわかる。

**オナガガモ×アメリカコガモ♂**
北米の記録。オナガガモ×コガモに似るが、胸と脇の境に白線がある。

**マガモ×アメリカヒドリ♂**
北米での記録。頭部にアメリカヒドリの淡色部、胸にマガモの赤褐色が出ている。

**アメリカコガモ×オカヨシガモ♂**
北米の記録。頭の色はアメリカコガモだが形はオカヨシガモ。嘴の形、三列風切もオカヨシガモ。

**アメリカヒドリ×オナガガモ♂**
北米の記録。トモエガモに似た顔の模様パターン。尾羽が長い。

雑種

**アメリカヒドリ×オカヨシガモ♂**
北米での記録。全体にアメリカヒドリを灰色にしたような羽色。胸に小紋模様。

**アメリカヒドリ×アメリカコガモ♂**
北米の記録。ヒドリガモ×コガモに似ているが胸側に白線があり、頬、眼先が淡色。

**アメリカコガモ×ミカヅキシマアジ♂**
北米の雑種。顔が巴紋になり、脇に粗い横斑が見られる。

**ハシビロガモ×ミカヅキシマアジ♂**
北米の記録。眼先の三日月状斑は細い。

**カルガモ×マガモ♀**
カルガモの羽縁が広い♀との識別に注意を要する。

**アメリカヒドリ×ヒドリガモ♀**
頭部の茶色の有無、嘴基部の黒斑の有無などがポイント。

**ヨシガモ×ヒドリガモ♀**
嘴はヒドリガモに似るが少し長く上辺に暗色斑。脇はヨシガモより黒褐色斑が不明瞭。翼のパターンはヨシガモに似る。

**トモエガモ×オナガガモ♀**
トモエガモ♀の顔の模様パターンが不鮮明に出ている。肩羽、脇はオナガガモに近く、三列風切はトモエガモに近い。

**ヒドリガモ×オカヨシガモ♀**
嘴の模様パターンはヒドリガモだが長い。脇の黒褐色斑は淡い。翼鏡に白色部がある。

**マガモ×オナガガモ♀**
日本での記録はない。肩羽、脇などはオナガガモ、三列風切はマガモに近い。体形はマガモの影響が出ている。

**マガモ×コガモ♀**
嘴、顔の模様パターンはマガモに似ているが肩羽、脇はコガモを思わせる。マガモより明瞭に小さい。

**ハシビロガモ×ミカヅキシマアジ♀**
北米の記録。全体にミカヅキシマアジという印象が強いが、嘴が幅広く大きい。

雑種

**ヨシガモ×ヒドリガモ** 頭部、三列風切はヨシガモ、嘴側面の青灰色、胸のピンク色はヒドリガモの特徴が出ている。2013年11月17日 東京都葛飾区

**ヨシガモ×ヒドリガモ** 上の写真の個体はヨシガモ的印象を強く受けるが、この個体はより中間的になっている。2009年3月17日 神奈川県川崎市

**ヨシガモ×ヒドリガモ** この組み合わせの雑種によく見られる喉の白色がないため、コガモ×ヒドリガモに一見似る。2003年4月22日 神奈川県川崎市

**ヨシガモ×ヒドリガモ♀** 一見するとヒドリガモと区別がつかないが、大雨覆、次列風切などにヨシガモ♀の特徴が出ている。2011年3月6日 東京都千代田区

雑種

**ヨシガモ×ヒドリガモ♀** 前写真の個体と同一。1年目とは異なり、ヨシガモの特徴が出てきて、中間的羽装になってきた。2013年3月24日 東京都千代田区

**ヨシガモ×ヒドリガモ♀** 上の写真の個体と同一。ヒドリガモの翼鏡の内側の白色部が現れていない。大雨覆の白色もヨシガモの特徴が出たもの。 2015年3月22日 東京都千代田区

**ヨシガモ×?** 片親は嘴の配色からカルガモを想起しがちだが、カルガモより大きく、他にカルガモの特徴は見られない。全体に褐色みが強いことから、アヒルの一品種カーキキャンベルとの交雑の可能性が考えられる。 2013年2月11日 秋田県にかほ市 杉元明日子

**オナガガモ×コガモ** この組み合わせの雑種は眼の下にトモエガモのような縦黒線が出ることが多い。肩羽、脇、腹などに幼羽が残る。2012年12月28日 茨城県水戸市 武田彩織

雑種

**ヨシガモ×オカヨシガモ** 眼から後方に幅広い緑色帯があり、頭頂は赤紫色。肩羽にオカヨシガモのような褐色みがない。三列風切はオカヨシガモよりやや長め。2005年10月27日 北海道網走市 渡辺義昭

**トモエガモ×オナガガモ** 眼の下の黒縦線はトモエガモより太い。この個体はないが、胸と脇を区切る白線がある個体もいる。1996年1月6日 東京都台東区

**ヒドリガモ×トモエガモ** 頭部はトモエガモに似ているが頭頂部は淡く、眼の下の黒条は細く途切れる。嘴は側面にヒドリガモの青灰色が現れている。2014年2月20日 大阪府 大谷まち子

**ヒドリガモ×トモエガモ** 大雨覆の橙褐色帯はトモエガモ、翼鏡の内側の灰白色部はヒドリガモの特徴が現れている。2014年2月20日 大阪府 大谷まち子

**ヒドリガモ×アメリカヒドリ** アメリカヒドリの緑色帯に相当する部位に赤茶色が強く出ている。体はヒドリガモと同じ。嘴基部に黒色部がない。2008年4月2日 千葉県市川市

**アメリカヒドリ×ヒドリガモ** 頭部はアメリカヒドリに近いが、体上面、脇は灰色みが強くヒドリガモに近い。2011年2月11日 神奈川県川崎市

雑種

**ヒドリガモ×アメリカヒドリ** 両種のほぼ中間の羽装になっている。雨覆に褐色部があるので幼鳥とわかる。2008年4月2日 千葉県市川市

**ヒドリガモ×アメリカヒドリ** 肩羽、脇にヒドリガモのような灰色の羽がある。嘴基部は黒斑がある。雨覆が一見成鳥を思わせるほど白い。脇の羽で幼鳥とわかる。2009年12月27日 神奈川県川崎市

**ヒドリガモ×アメリカヒドリ♀** 嘴基部に黒色部がない。頭部はヒドリガモより灰色みが強いものの、後部に褐色部がある。2008年4月2日 千葉県市川市

**ヒドリガモ×アメリカヒドリ♀** 左と同一個体。大雨覆の白帯と腋羽はアメリカヒドリ的だが、眼の後方から頬の褐色みが強い。2008年4月2日 千葉県市川市

**オナガガモ×マガモ** 両種の中間の羽装になっていて大変美しい雑種。尾羽はマガモより長くて、少し上にカーブしている。1992年1月26日 東京都台東区

**オナガガモ×マガモ** 前写真の個体と同一。エクリプスから生殖羽へ換羽中。1992年10月22日 東京都台東区

**オナガガモ×マガモ** 左の個体と同一。完全なエクリプス。肩羽、脇、三列風切、尾羽などマガモに近い羽装になっている。1992年9月23日 東京都台東区

**オナガガモ×マガモ** 上の写真の個体とは別個体。足の色はマガモより淡い橙色で、黄色に近い色になっている。1993年12月5日 東京都板橋区

**ヒドリガモ×コガモ** 頭部はコガモに似ていて、嘴の側面にヒドリガモの青灰色が現れている。体はヒドリガモに似ている。2005年3月2日 神奈川県川崎市

**コガモ×ヒドリガモ♀雄化個体の可能性** 両種の雑種の特徴が出ている。頭部はコガモ雄化♀のような下半分が淡色のパターンで、荒い横斑が随所に出ている。雄化個体の可能性が高い。2014年12月20日 福岡県福岡市 A.K.

**コガモ×アメリカコガモ** 縦、横の白線が見られる。頭部緑色帯周囲の淡色の縁取りはコガモ的で明瞭。最外三列風切の黒条はアメリカコガモに似る。2009年12月9日 神奈川県横浜市

雑種

**トモエガモ×ヨシガモ** 頭部の模様はヨシガモ寄りで、眼の下のV字の白線はトモエガモの特徴。嘴の形状は、基部が太くてトモエガモに似る。胸はトモエガモに似て、脇との境には不明瞭だが淡色線がある。肩羽、三列風切、下尾筒は両種の中間。2015年12月28日 茨城県神栖市

**マガモ×カルガモ** マガモに近い羽装だが、嘴、体上面、などにカルガモの特徴が出ている。右の個体の♂親。2012年11月29日 神奈川県川崎市

**（マガモ×カルガモ）×カルガモ** カルガモ♀との戻し交雑だが、依然マガモ♂の特徴が強く現れている。♂親(左の写真)とあまり変わらない羽装になっている。2014年3月17日 神奈川県川崎市

**マガモ×カルガモ♀** 全体に橙褐色みが強く、マガモに近い羽装だが、嘴はカルガモに近くなっている。2007年12月8日 神奈川県川崎市

**マガモ×カルガモ♂** カルガモに近い羽装だが、胸の赤褐色と脇の細かい波状斑、わずかに上に上がった中央尾羽にマガモの特徴が表れている。2012年12月2日 千葉県市川市

# ♀の雄化個体

　カモを観察していると、一見♂のようなのに、どこか違和感がある個体がいることがある。また、♀と思った個体の一部に♂のような羽が現れているのに気付くこともある。このような個体は、♂の幼鳥が成鳥に換羽している途中であったりするが、中には♂の幼鳥と考えてもまだ説明のつかない不思議な羽装の個体がいる。これが♀の雄化個体である。

　♀がなぜ雄化するのか、いろいろな説明がされていて、さまざまな理由が考えられるが、要約していうと、何らかの理由で卵巣機能が阻害され正常に働かないため、雌性ホルモンの分泌が少なくなり外観が雄化してくるということだ。成鳥の雄化個体を観察することが多いが、幼鳥の雄化個体も観察される。幼羽で渡来した個体が、幼羽から雄化の羽装に換羽していった例がある。これは先天的に機能に障害があったのかもしれない。動物園などで飼育されているカモに雄化個体がかなりの頻度で現れる。これは飼育されることにより、野生状態より長生きした♀の生殖機能が老化により衰え、雌性ホルモンの分泌が減少し雄化するのではないかと考えられる。ある動物園で長期間飼われていたトモエガモが、ある時期を過ぎると多くの♀が雄化していった。これはやはり老化による雄化を示す例のように思える。

　ほとんどの種の雄化個体の羽装に共通した顕著な特徴の一つに波状横斑の出現がある。下の写真はヨシガモの脇の羽。Bの雄化個体は左右の♂♀の中間の状態になっているのがわかる。Aの♀のU字状黒褐色斑が、Cの♂の波状横斑から影響を受け、上下に伸ばされて、雄より荒い横斑になっている。このことから想像できるが、カルガモは♂でも波状横斑がないため、雄化個体にも横斑は現れないはずだ。

A ヨシガモ♀　　　B ヨシガモ♀の雄化個体　　　C ヨシガモ♂

　雄化の現れ方はさまざまな段階がある。肩羽の1枚の一部に細かい横斑が現れているだけの個体から、一見♂と思って見過ごしてしまいそうな個体までいる。波状横斑以外の雄化の現れ方は、例えばオナガガモでは尾羽が長くなり、ヒドリガモでは雨覆の白色が増えるなど。オシドリ、オカヨシガモなどは嘴が♂と同色になる傾向がある。翼上面のパターンが♂と同じになる場合もある。どの例でもやはり波状横斑を伴う。カルガモの雄化個体を確認したことはないが、上尾筒、下尾筒が黒くなるのでは

♀の雄化個体

と想像できる。雄化個体は、大きさや体形は♀のままということが多く、それが♂との見分けの一助になることが多い。

　生殖羽への換羽中の♂と雄化個体を見分けるポイントの一つが、脇のどこに横斑が出ているかということだ。換羽中の♂は脇の下段から波状横斑の羽に変わってくるが、雄化個体の場合はその換羽の順序に沿わない最上段に横斑が現れるなど、正常な♂の換羽順序と現れ方が異なっている。雄化個体を理解するには、普段の観察で、その種の成鳥、幼鳥すべての羽衣の正常な姿、換羽のしかたなどを詳しく知ることが近道だと思う。

　若い♂に♀雄化個体に似た羽が見られることがある。♂成鳥より目が粗い横斑が見られることがしばしばある。これは♂として未成熟なことが関係しているのではないか、と想像するが確かなことはわからない。

**ヒドリガモ♀成鳥**　胸、脇に荒い横斑があり、雨覆が雄を思わせるほど白くなっている。♂より小さい。2012年4月1日 千葉県浦安市

**ヒドリガモ♀成鳥**　左と同一個体。太い横斑が少なくなり、より♂の羽衣に近くなった。2014年12月2日 千葉県浦安市

**ヒドリガモ♀幼鳥**　幼羽から換羽して、脇などに雄化を示す荒い横斑の羽が出てきている。♂幼鳥の可能性も考えたが、大きさは周囲にいた♀成鳥より小さかったこと、雨覆が♀幼鳥と同じであることで♀の雄化個体と考えた。2009年12月27日 神奈川県川崎市

**ヒドリガモ♀幼鳥**　現場で見た大きさ、形態、換羽の状況などから♂と思えたが、♀の雄化に共通する目の粗い横斑が胸、脇、背、肩羽に出ている。未成熟な若い♂に雄化と共通する特徴が現れることがあるのでは？と推察してみたがどうだろう。2012年4月1日 千葉県浦安市

♀の雄化個体

**ヒドリガモ♀成鳥** ♀に近い姿で、雄化の程度は軽度。胸、脇、肩羽、上尾筒などに粗い横斑が見られる。2014年2月23日 神奈川県川崎市

**ヒドリガモ♀成鳥** 脇に雄の細かい横斑を荒くしたような横斑が見られる。肩羽にも同様の斑がある。2009年3月11日 神奈川県川崎市

**オナガガモ♀成鳥** かなり♂に近い姿になっている。大きさ、形態は♀そのもので、頭、嘴も♂ほど長くない。2012年12月2日 千葉県市川市

**オナガガモ♀成鳥** 眼の後方がチョコレート色の幅広い帯になっている。尾羽が長く伸び、肩羽も後方が♂のようになっている。2013年1月6日 東京都杉並区

**オナガガモ♀成鳥** ♀に近い姿で見逃されやすいが、尾羽が長くて肩羽に黒い軸斑が目立つ。2009年11月18日 東京都江戸川区

**オナガガモ♀成鳥** ♂とほぼ同じ羽衣になっているが、頭の色は鈍くはまだらで、波状の横斑はやや粗く、大きさ、体型、嘴などは♀と同じ。2008年4月2日 東京都台東区

♀の雄化個体

**コガモ♀成鳥**　♂と♀のほぼ中間の羽衣になっている。2012年2月5日 東京都大田区

**コガモ♀成鳥**　全体に荒い横斑が目立つ個体。2009年12月8日 神奈川県横浜市

**コガモ♀幼鳥**　幼羽から少しずつ雄化の羽装への換羽が始まっている。右の写真は換羽が進んだ春の同一個体。2014年2月16日 神奈川県川崎市

**コガモ♀幼鳥**　脇最上列は褪色した幼羽。肩羽にも幼羽が残っている。三列風切は脱落している。2014年4月6日 神奈川県川崎市

**コガモ♀成鳥**　頭部はかなり♂に近づいている。脇は荒い横斑がある。肩羽も♂♀の中間的。2009年4月17日 千葉県習志野市

**コガモ♀成鳥**　雄化個体と♂、♀の比較。雄化個体（左手前）は♂より明確に小さく、♀と同大。神奈川県川崎市

♀の雄化個体

**ヨシガモ♀成鳥** 右と下の写真と同一個体。年とともに脇の褐色斑は減少している。2013年3月24日 東京都千代田区

**ヨシガモ♀成鳥** うしろの♂より一回り小さい。2012年12月9日 東京都千代田区

**ヨシガモ♀成鳥** 頭部は赤紫光沢で随所に荒い横斑が現われている。2012年3月27日 東京都千代田区

**ヨシガモ♀成鳥** 飼育個体の雄化の例。2013年10月6日 東京都三鷹市（飼育個体）

**ハシビロガモ♀幼鳥** 下尾筒に♀にはないはずの細かい横斑が見られる。脇に赤茶色の♂に見られる羽が出てきている。2010年1月20日 千葉県市川市

♀の雄化個体

**オカヨシガモ♀成鳥** ♂に近い羽衣だが、脇は♀の茶色の羽と♂の波状の細かい横斑が混在している。肩羽も♂♀の中間。2009年11月21日 横浜市金沢区

**オカヨシガモ♀** 胸は細かい横斑で脇に茶色の羽と波状横斑が混在している。2012年4月8日 千葉県市川市

**オシドリ♀成鳥** 頭部は♂に近いが、その他は♀の羽衣の特徴を多く残している。脇は不自然な模様の現れ方をしている。2013年8月18日 東京都三鷹市（飼育個体）

**オシドリ♀成鳥** 頭部は♀に近いが、頬から頸の羽毛が♂のように長く伸びている。銀杏羽は小さい。脇の白斑は♂でも♀でもない中途半端な形状。1994年12月6日 東京都三鷹市

**オシドリ♀成鳥** ♂の特徴が三列風切の銀杏羽に現れている。脇に薄っすらと細かい横斑が現れている。2010年10月14日 東京都三鷹市（飼育個体）

**マガモ♀成鳥** 嘴の色、模様は♀のもの。頭に緑色部がある。脇に雄化特有の目の粗い横斑が見られる。♂より明確に小さい。1992年11月26日 神奈川県川崎市

♀の雄化個体

**トモエガモ♀成鳥** 肩羽が長く、脇にわずかに波状の横斑があるのは雄化の兆候ではと考えた。翌年、右の写真のように明確に雄化した。2012年2月19日 東京都三鷹市（飼育個体）

**トモエガモ♀成鳥** 頭の模様は♂に似ているが、側頭の白色線がない。脇に目の粗い横斑がある。2013年6月2日 東京都三鷹市（飼育個体）

**トモエガモ♀成鳥** 眼の下の淡い黒色縦線で雄化の可能性を考えた。翌年、右の写真のように明確に雄化した。2012年2月19日 東京都三鷹市（飼育個体）

**トモエガモ♀成鳥** ♂にかなり近い羽衣になっている。♂に見られる側頭の白線がない。脇の羽には灰色の♂の特徴と、褐色の♀の特徴が表れている。2013年6月2日 東京都三鷹市（飼育個体）

**トモエガモ♀成鳥** 眼の周囲が黒くなっているので雄化を予感したが、この後の換羽で右の写真のように明確に雄化した。2013年7月14日 東京都三鷹市（飼育個体）

**トモエガモ♀成鳥** 前の写真と同一個体。♂の特徴が随所に現れてきた。脇には雄化特有の♂より目の粗い横斑が見られる。2013年10月6日 東京都三鷹市（飼育個体）

## 潜水採餌ガモの雄化

　潜水採餌ガモの中にも、通常のどの羽衣にも合致せず、雄化した♀と考えるのが最も妥当と思われる個体が見られることがある。これらの個体は、♂♀の中間的な羽色を持ちながら、尾羽や腹部にも幼羽が認められないこと、♂のような特徴の現れる部位や順序が♂幼鳥とは異なっていること、♂が生殖羽に換羽する真冬から春先にも依然中途半端な羽色のままであることなどから、カモ類を見慣れた観察者には一見して異質に見えることが多い。ただし、水面採餌ガモの雄化個体に見られる特徴的な粗い波状斑は見られず、またこれらの個体が確実に♀の雄化個体であるという裏付けとなる情報も今一つ不足しているのが現状。今後のさらなる知見の蓄積に期待したいところだ。

**スズガモの雄化と思われる個体**　♂は生殖羽に換羽している時期なので、♂♀の中間的な羽色が群の中でよく目立つ。♂幼鳥では頭から胸側までが先に黒くなるのが普通だが、この個体は胸の中央部が先に黒くなっている。腹部や尾羽にも幼羽は見当たらない。2012年4月1日 千葉県浦安市

**キンクロハジロの雄化と思われる個体**　脇が灰白色で黒褐色の体上面とのコントラストが強いため、全体に♂♀の中間的羽色。換羽中の♂幼鳥では幼羽と生殖羽が明確に認識でき、この個体のように全体として中途半端な羽色には普通ならない。2012年12月18日 千葉県富津市

# 潜水採餌ガモ
氏原道昭

# アカハシハジロ

*Netta rufina*
Red-crested Pochard

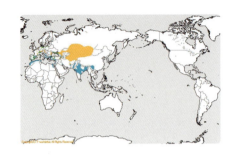

■**大きさ** 全長53cm〜57cm。翼開長85cm〜90cm。■**特徴** ホシハジロより少し大きめで、嘴は横から見ると薄くストレートな形状。頭部は羽毛を寝かせると頭頂が平らな長方形に近く見えるが、羽毛を逆立てると大きく丸く膨張して見える。飛翔時は暗灰褐色の雨覆と、灰白色の幅広い翼帯のコントラストが目立つ。この翼帯は光線が強いと一見ほぼ白く見える。■**分布・生息環境・習性** 稀な冬鳥として湖沼や河川に渡来する。潜水採餌ガモの中では比較的食性や採餌法が水面採餌ガモ類に近く、ヒドリガモ、ヨシガモ、オカヨシガモ、オオバンなどと共に水草を食べているのが観察される機会が多い。■**鳴き声** ギョイッ、ビイィッなどと聞こえる鋭い声で鳴く。

■**♂生殖羽** 赤褐色の頭部は一見ややヒドリガモやホシハジロに似るが、赤い嘴、一様な灰褐色の体上面、肩の半月型の白斑、黒い腹部など、独特の配色で識別は容易。

■**♂エクリプス** 全身が褐色で頬が灰白色の♀に似た羽色になるが、よく目立つ赤い嘴と虹彩が特徴。個体によっては嘴基部や上面にいくらか黒色部が見られるが、生殖羽への換羽が目立ち始める頃には消失する。

■**♂1年目冬** ♂生殖羽に似るが、嘴に黒色部が残り、胸などに褐色の羽が混在する。早期は♀に似るが、虹彩や嘴に徐々に赤味が増え、胸などから黒い生殖羽が出始める。エクリプスから生殖羽に換羽中の成鳥に比べて、生殖羽に近くなっても嘴の黒色部が残る傾向が強い。

■**♀** 全体に灰褐色で、淡い灰色の頬が目立つ。この配色がクロガモ♀や幼鳥にやや似るが、嘴の形状が異なることと、灰白色の翼帯があることなどから区別できる。

■**♀1年目冬** ♀成鳥と比べて羽色に顕著な差異はなく、区別は比較的難しいことが多い。腹部等に残る褪色した幼羽が換羽済みの他の部位とのコントラストを形成している場合などに区別可能なことがある。

■**♀幼羽** 脇羽の先端が尖る傾向があるが、♀成鳥に酷似し区別は比較的難しい。嘴は早期には全体に黒っぽく、時期が進むと徐々に先端部に肉色または桃色が現れるが、♀成鳥の嘴のパターンもかなり個体差が大きい。

アカハシハジロ

♂生殖羽 br. 赤褐色の頭部と赤い嘴がよく目立つ。胸、腹、下尾筒、腰まで続く黒色部は独特。2015年2月14日 東京都日野市（飼育個体）

♂エクリプス ec. ♀に似るが嘴と虹彩が赤い。嘴はすべて赤い個体もいるが、この個体では基部に黒色部が見られる。2014年7月14日 東京都日野市（飼育個体）

♂エクリプス→生殖羽ec.-br. 灰白色の幅広い翼帯がある。2014年10月4日 東京都日野市（飼育個体）

♂幼羽/1年目冬 juv./1st win. ♂エクリプスに比べて嘴の黒色部が広く、虹彩の色も鈍い。2014年8月31日 東京都日野市（飼育個体）

♂1年目冬 1st win. 2014年10月4日 東京都日野市（飼育個体）

アカハシハジロ

♂1年目冬 1st win. 胸から腹が黒い生殖羽のパターンが現れ始めているが、その割に依然嘴の大部分が黒いところが♂エクリプスと異なる。2014年10月4日 東京都日野市（飼育個体）

♀1年目冬 ♂幼鳥より幾分小柄で華奢に見える。脇羽は先端が尖った形状の幼羽。2014年10月4日 東京都日野市（飼育個体）

♀1年目冬 上と同一個体。♀成鳥との羽色の差は少なく、区別は比較的難しい。外側尾羽に摩耗・褪色した幼羽が見える。2014年10月4日 東京都日野市（飼育個体）

♀ 2015年2月14日 東京都日野市（飼育個体）

# ホシハジロ

*Aythya ferina*
Common Pochard

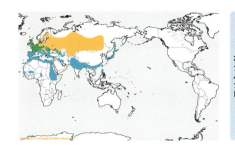

■**大きさ** 全長42cm〜49cm。翼開長67cm〜75cm。■**特徴** キンクロハジロより大きく、スズガモと概ね同大。嘴の付け根が分厚く顔がやや長い。頭部は横から見ると、中央部が高く盛り上がり、山型に見える。しかし潜水の前後などに羽毛を寝かせると額が低くなり、嘴から一直線になだらかなスロープを描くオオホシハジロに似た形状になるので注意が必要。嘴は先端と基部が黒っぽく、その中間部に淡い青灰色の帯があるのが特徴だが、♂エクリプスや幼鳥、夏季の♀ではこの淡色部が縮小もしくは消失して嘴全体が黒っぽく見えるため、オオホシハジロとの識別は他の特徴も総合して判断する必要がある。翼帯は灰色〜灰褐色で、遠くを飛んでいてもキンクロハジロやスズガモとの区別に役立つ。■**分布・生息環境・習性** ヨーロッパからバイカル湖周辺まで、ユーラシア大陸の広範囲で繁殖。国内では北海道の一部で少数繁殖する以外は、冬鳥として全国の湖沼、池、河川、内湾、港などに渡来する。河川ではおもに流れの緩やかな下流域から河口部、もしくは堰堤上などで見られる。キンクロハジロ、スズガモとよく混群をつくり、潜水して水中の動植物を幅広く採る他、都市公園などでオナガガモ、キンクロハジロと共に人の与えるパン等に餌付く例も多い。■**鳴き声** ガー、グルルルなどと鳴き、♂はエェホーンなどと聞こえる特徴的な声を出す。
■**♂生殖羽** 遠目からは、赤褐色の頭、黒い胸と尾筒、灰色の体、という3色のパターンがよく目立つ。国内で普通に見られるカモ類でやや似た色彩パターンを持つのはヒドリガモ♂だが、本種のほうが嘴が長い割に体が短く、胸が黒いこと、額に淡色部がないこと、虹彩が赤いこと、三列風切も体と同様の灰色であることなどから区別は容易。体の灰色のトーンはオオホシハジロより暗く、アメリカホシハジロより明るい。嘴の青灰色はエクリプスや♀、幼鳥に比べ幅広く明瞭。先端の黒色部はアメリカホシハジロと異なり、外縁に沿って後方に伸び、上から見るとU字型に見える。
■**♂エクリプス** ♂生殖羽に似るが、胸と尾筒が灰褐色で、嘴は青灰色の帯が減退する。この帯は細く残る個体が多いが、ほぼ真っ黒に見える個体もいるので、オオホシハジロとの識別は他の特徴を総合して判断する。♂1年目冬と異なり腹部は灰白色。
■**♂1年目冬** 頭部、肩羽、脇などから徐々に♂生殖羽の特徴が現れる。特に冬後半から春先の換羽の進んだ個体は水面に浮いていると成鳥と区別がつきにくいが、腹部に褐色の幼羽が残っていることから判断できることが多い。腹が見えない場合、胸や脇、尾羽に淡褐色の摩耗した幼羽が一部残っていることから見当をつけられることも多い。
■**♂1年目冬（早期）** 幼羽を多く残す早期は全体に褐色がかり、嘴の青灰色の帯も発達が未熟だが、頭部は♀より一様に赤味が強く、虹彩も赤い。上背や肩羽から波状

斑のある灰色の羽に徐々に換羽するが、腹部は細かい褐色斑が並ぶ幼羽に覆われている。少なくとも生まれた年の8月頃には虹彩の色などからある程度♂♀の区別はつくようになっている。

■♀冬　目の周囲が白っぽく、口角付近から眼の下に向かって頬線が伸びる顔のパターンが特徴的。頭から胸、尾筒などは茶色っぽいが、体上面と脇は細かい波状斑に覆われるため灰色っぽく見える。ただしこの波状斑の量は個体差が大きく、また各羽の基部は褐色であるため、先端の摩耗が進むことでも茶色っぽく見える。嘴の青灰色の帯は♂より狭く不明瞭な傾向が強い。

■♀夏　体上面や脇の波状斑が減退して全体に褐色に見え、しばしば腹部にも疎らに褐色の斑点が見られる。この時期の羽色はアメリカホシハジロに酷似するため、嘴や頭の形、顔のパターンなどが作り上げる印象の違いに注意する。また嘴の淡灰青色帯が消失し、一様に黒くなる傾向が強いため、オオホシハジロとの識別は大きさ、嘴の形状、頸の長さなどを総合して慎重に判断する。

■♀1年目冬　腹部などに褐色の幼羽が残り、肩羽や脇は波状斑のある灰色の羽に換羽していく。水面に浮いている場合は、胸側、脇、肩羽、尾羽などに摩耗した淡褐色の幼羽が混じっていること、嘴が黒っぽいこと、顔のパターンが不明瞭で一様であること、幾分体つきが細身に見えることなどの点から見当をつけられる場合も多い。

■♀幼羽　全身一様な淡褐色で腹部も細かい褐色斑に覆われる。嘴は一様に黒っぽく、虹彩は暗色。

ホシハジロ

♂生殖羽 br. 赤茶色・灰色・黒の明快な3色パターンが特徴。頭部は横から見るとほぼ中央部が高く盛り上がる形。虹彩は赤く、黒い嘴に青灰色の帯がある。成鳥の腹部は灰白色。2013年1月8日 東京都墨田区

♂エクリプス→生殖羽 ec.-br. 生殖羽に近づいているが、胸や脇に褐色の羽が残っている。2009年11月1日 東京都大田区

♂生殖羽 br. 2010年12月24日 東京都江東区

♂エクリプス→生殖羽 ec.-br. 翼帯は灰色。♂1年目と異なり、腹部は灰白色。2009年11月1日 東京都大田区

♂エクリプス ec. エクリプスでは胸が褐色になり、嘴は青灰色の帯が減退して黒っぽくなる。2009年8月18日 東京都三鷹市（飼育個体）

ホシハジロ

♂1年目冬 1st win. 腹部に褐色の幼羽が残っている。脇や肩羽、胸側にも未換羽部が多く、水面上でも容易に1年目とわかる個体。2009年10月31日 神奈川県横浜市

♂1年目冬 1st win. 換羽が進んでいて水面上では成鳥と区別しにくいが、腹部に広く褐色の幼羽が残っていることから1年目とわかる。2013年1月8日 東京都墨田区

♀冬 win. 体上面と脇は灰色。2010年12月24日 東京都江東区

♀冬 win. 翼帯は灰色。2012年11月27日 東京都大田区

♀1年目冬 1st win. この個体の嘴はほぼ黒色でオオホシハジロに似るが、嘴や首、体がすべて短く、プロポーションが異なる。2013年1月8日 東京都墨田区

♀1年目冬 1st win. 胸〜腹、脇の一部、尾羽に淡褐色の幼羽が見える。成鳥より体格が華奢に見える傾向がある。2010年12月24日 東京都江東区

# オオホシハジロ

*Aythya valisineria*
Canvasback

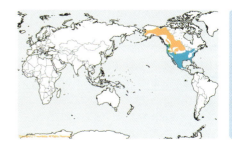

■**大きさ** 全長48cm〜61cm。翼開長74cm〜90cm。■**特徴** ホシハジロより大きく、嘴、頭、体が全体的に長い。このため、頭を伸ばすと幾分サカツラガンを連想させるような、独特のプロポーションに見える。長大な嘴は基部が分厚くがっしりしているのに対して、先端部は扁平で細長く伸び、この落差が大きい。このため、嘴をローアングルで真横から見た場合には、嘴全体が大きな三角形で、かつ先端が鋭く細く尖っているような印象に見える。また嘴を真上から見ると、他のカモ類に比べて長さの割に横幅が狭いことがわかる。頭の形は、嘴から一直線につながった低い額が描く、なだらかなスロープが特徴的だが、実際はホシハジロでも、潜水の前後や緊張時に頭の羽毛を寝かせると同様に見えるので、嘴そのものの形状や、全体の大きさ・プロポーションを総合的に観察するほうがよい。また♂♀・年齢を問わず、嘴が黒一色で青灰色の帯がないのも特徴だが、ホシハジロでも幼鳥や♂エクリプス、夏季の♀では嘴が黒いものが普通に見られるので、他の特徴を総合的に観察する必要がある。なお北米ではアメリカホシハジロとの交雑例もあり、嘴上面に僅かに青灰色の小斑がある個体はこうした交雑の結果である可能性がある。■**分布・生息環境・習性** 北米に生息し、日本国内では稀な冬鳥としておもに関東以北で記録がある。一方でホシハジロの誤認例も多いため、渡来状況の把握には注意を要する。確実なものでは11月から3月ごろの記録が多く、夏季から10月までは嘴の黒いホシハジロの誤認例が多い。湖沼、池、河川、内湾などに渡来し、基本的な習性はホシハジロに似るが、比較的大きく開けた水域で観察された例が多い。潜水して水底の動植物を採る他、人の与えるパン等に餌付いた例もある。■**鳴き声** クウィッウィッ…などとつぶやくような声で鳴く。

■**♂生殖羽** 基本的な配色はホシハジロに似るが、嘴は黒色で青灰色の帯はない。嘴基部の周辺から眼先、額、頭頂までも広範囲に黒っぽく、これに対して波状斑に覆われる体上面と脇はホシハジロよりより白っぽいため、頭と体のコントラストがより強く見える。ただしホシハジロも採餌中には泥を被って額から嘴まで黒く見えることがあり、また光線状態と体の向きにより、見かけ上群の中で体の色のばらつきが出ることもあるので注意が必要。

■**♂エクリプス** 胸と尾筒が褐色を帯びる。眼の周囲に白色部が見られることがある。

■**♂1年目冬** ホシハジロ♂1年目冬と同様に、腹部を中心に褐色の幼羽が残る。

■**♀冬** 体上面と脇は細かい波状斑に覆われ灰色に見える。全体的にホシハジロより淡色傾向。摩耗が進むと褐色部が多くなる。♂と同様に嘴がすべて黒く、青灰色の帯がないことも特徴の一つだが、ホシハジロ♀も1年目や夏季には嘴がすべて黒い個体が普通に見られるので、大きさとプロ

ポーション、嘴の形状などを総合的に観察する必要がある。

■♀夏　体上面と脇の波状斑を欠き、全体に褐色。腹部は白地に褐色の粗い横斑が出る。日本で観察される機会はあまりないと思われるが、色彩はホシハジロに酷似するので、大きさとプロポーション、嘴の形状を総合的に観察する必要がある。

■♀1年目冬　ホシハジロ♀1年目冬と同様に、腹部を中心に褐色の幼羽が残り、顔は♀成鳥より模様が不明瞭で一様な傾向がある。

■幼羽　全体に一様な褐色で、腹部は細かい褐色斑が並ぶ。生まれた年の夏季にはまだ嘴が短く、ホシハジロに酷似するが、そのような段階の個体が日本で観察される可能性はほぼないと考えられる。

オオホシハジロ

♂生殖羽 br. ホシハジロより大きく、嘴・頸・体のすべてが長い。体の灰色は単独ではわかりにくいが、ホシハジロより淡色で白っぽく見える。胸の黒色部はホシハジロ、アメリカホシハジロより浅く、この写真のように境界線が斜めに傾いて見えることが多い。2015年1月17日 アメリカ・ロサンゼルス

♂生殖羽 br. 嘴基部の周辺、眼先、額、頭頂まで広範囲に黒っぽい。この写真は公園で餌付いている個体。このような場所では上から見下ろすことが多いので、ローアングルで見た場合に比べて嘴はやや幅広く感じられる。2015年1月17日 アメリカ・ロサンゼルス

♂生殖羽 br. 翼帯は灰色〜灰褐色。ローアングルで真横から見ると嘴先端は非常に鋭く尖った印象に見える。2015年1月17日 アメリカ・ロサンゼルス

オオホシハジロ

♀冬 win. 体上面と脇は波状斑に覆われ灰色で、ホシハジロより淡く見える。2015年1月17日 アメリカ・ロサンゼルス

♀1年目冬 1st win. 換羽が進んで一見成鳥に見える個体だが、腹部に幼羽が残っている。左下のホシハジロに比べて、より長く尖る嘴、長い首、淡色の体に注意。2016年1月22日 埼玉県さいたま市

♀冬 win. 翼帯は♂と同様に灰色〜灰褐色。雨覆は灰色で、翼帯との差は目立たないことが多い。2015年1月17日 アメリカ・ロサンゼルス

♀1年目冬 1st win. 上と同一個体。雨覆は成鳥より暗色で、翼帯とのコントラストがある。2016年3月12日 東京都板橋区

# アメリカホシハジロ

*Aythya americana*
Redhead

■**大きさ** 全長40cm〜56cm。翼開長74cm〜85cm。 ■**特徴** ホシハジロに似るが、頭部は額が高くて丸みの強い、スズガモに似た形状で、嘴はホシハジロより上端の食い込みが浅く、基部に厚みが感じられないため、頭部のシルエットや顔の印象はかなり異なる。嘴爪の垂れ下がりがホシハジロより目立つ傾向があるが、個体や観察角度によっては差が感じられないこともある。体は♂♀ともホシハジロより暗色に見える傾向が強い。オオホシハジロやホシハジロに比べて雨覆が暗色で、灰色の翼帯とのコントラストが明瞭な傾向がある。しかし上記2種でも個体差があり、特に幼鳥では似たパターンに見えることが多い。
■**分布・生息環境・習性** 北米に生息し、国内では1985年に東京都で♀1羽の記録がある。湖沼、池、内湾などに生息。基本的な習性はホシハジロに似る。 ■**鳴き声** ガーガーなどと低く濁った声で鳴き、♂はエオーンなどと聞こえる長く伸ばす声を出す。
■**♂生殖羽** 大まかな配色はホシハジロに似るが、より額が高く丸い頭の形、黒色部がほぼ先端部に限られる青灰色の嘴、黄色〜橙色の虹彩、より暗い灰色の体上面と脇、といった多くの相違点から容易に区別できる。嘴先端の黒色部はホシハジロのように外縁に沿って後方には伸びず、横から見ると垂直に断ち切れているように見える。ホシハジロと異なり嘴のほぼ基部まで青灰色なのも重要な特徴だが、ただし至近距離で詳しく見ると、嘴基部と鼻孔周辺にもごく狭い黒色部がある。胸の黒色部はオオホシハジロ、ホシハジロより広く、飛翔時には翼の下に明瞭に食い込んで見えることが多い。
■**♂エクリプス** 胸部を含めて全体に褐色味が強い。嘴は基部が黒ずみ、先端の黒色部との間が淡い灰青色の帯となるため、ややホシハジロのパターンに似ることがある。ただし依然先端の黒色部はホシハジロほど後方に流れず、嘴に対して直角に近く見える。嘴のパターンは不明瞭でわかりにくい場合もあるので、額の高い頭部の形状や、黄色〜橙色の虹彩に注意する。
■**♂1年目冬** ホシハジロ♂1年目冬と同様に腹部を中心に褐色の幼羽が残る。しばしば嘴の上面に黒色部が残るが、嘴先端部のパターンと虹彩の橙黄色はかなり早期からホシハジロとの識別に有効。
■**♀冬** ホシハジロ♀冬に比べて肩羽や脇の波状斑がごく少ないため、腹部を除いて全体に一様な褐色に見える。ただしホシハジロでも羽色の個体差は大きく、特に夏季はよく似た羽色になるため、♂の場合と同様に頭の形や嘴のパターンに注意する。頬線はホシハジロほど目立たない。頭の形状が似るスズガモ♀とは、顔と嘴のパターン、暗色の虹彩、灰色の翼帯などが異なる。
■**♀夏** 体上面と脇の波状斑は見られず、嘴は全体に黒っぽい。色彩はホシハジロ♀夏に酷似するため、頭部や嘴の形状を慎重

に観察する必要がある。

■♀1年目冬　♀冬に似るが、腹部を中心に細かい褐色斑が並ぶ幼羽を残している。水面上でも脇や尾羽などに摩耗した幼羽を残していないか注意すると、見当をつけられることも多い。

■♀幼羽　全体に灰褐色でホシハジロ幼羽に酷似し、嘴も一様に黒っぽく、全体に特徴に乏しいため、頭部や嘴の形状を慎重に観察する必要がある。

■♂幼羽　頭部の赤味などが明瞭に現れる前の♂幼羽は、黄色い虹彩と頭の形などからスズガモに似るので、灰色の翼帯に注意する。

♂生殖羽 br.

♂1年目冬 1st win.

♀冬 win.

♀1年目冬 1st win.

♀冬 win.　嘴先端の黒斑は垂直に断ち切れていて、ホシハジロのように外縁に沿って伸びていない。1992年12月15日 東京都三鷹市（飼育個体）

アメリカホシハジロ

♂生殖羽 br. 額が高く盛り上がった頭の形、橙黄色の虹彩、ほぼ先端部のみが黒い青灰色の嘴、濃い灰色の体上面と脇が特徴。2015年1月17日 アメリカ・ハンティントンビーチ

♀冬 win. 冬期でも体上面や脇に波状斑はあまり出ず、全体に一様な褐色に見える。シルエットの特徴は♂と同様で、ホシハジロよりむしろスズガモを思わせる。2015年1月17日 アメリカ・ハンティントンビーチ

♀冬 win. 2015年1月17日 カリフォルニア州ハンティントンビーチ

# アカハジロ

*Aythya baeri*
Baer's Pochard

■**大きさ** 全長46cm〜47cm。翼開長70cm〜79cm。 ■**特徴** ホシハジロと概ね同大だが、頸回りなど全体の印象は幾分華奢に感じられることが多い。下尾筒と♂の虹彩が白いこと、嘴先端の黒斑が小さいこと、翼帯が幅広く白いことなどはメジロガモと共通した特徴だが、それより一回り大柄で、頭部や体が長く、嘴も長めの印象を受ける。頭の形はメジロガモほど顕著に頭頂が尖らず、傾斜が比較的緩やかに見える傾向。ただしこうした形態の特徴は、姿勢や角度、羽毛の状態等でも印象がかなり変化するので、周囲の他種との比較も含め、できるだけさまざまな状況で観察するとよい。 ■**分布・生息環境・習性** 東アジアの狭い範囲で繁殖し、日本各地で記録があるが、近年世界的に減少が深刻で、総個体数が既に1000羽を切っているという情報もあり、絶滅が心配されている。これに伴い日本国内での観察例も減少しており、例えば1980年代〜1990年代には1〜数羽がたびたび観察されていた関東地方では、近年ほとんど観察されていない。また他種との雑種も進んでいるとみられ、メジロガモとの雑種と思われるものが西日本を中心に頻繁に観察されている。またホシハジロとの雑種の観察例も多く、近年の日本国内に関してはむしろ純粋な個体が観察される機会のほうが少ない状況となっている(雑種については p.296〜300を参照)。 ■**鳴き声** グラー、コロッ、クラッなどと鳴く。

■**♂生殖羽** 白色の(または僅かに淡黄色がかる)虹彩、緑色光沢の頭部、あずき色の胸、腹部から脇の前縁部へ切れ込んだ白色部、白い下尾筒などの特徴の組み合わせから、他種と容易に区別できる。ただしホシハジロやメジロガモとの雑種が特に近年多く見られるので注意が必要。頭頂周辺に赤褐色の羽毛があり、脇の赤褐色部が広い場合はメジロガモとの雑種、または・嘴の黒斑が幅広い・虹彩に赤味が混じる・脇や体上面に明瞭に波状斑があり灰色がかる・下尾筒の白色部が小さい、などの特徴が認められる場合はホシハジロとの雑種と考えられる。ただし例えば嘴先端の黒斑が嘴爪の周辺部に多少広がるものでも、他に交雑を疑わせる特徴がなければ個体差の可能性も考えられ判断が難しい。また交雑とは無関係と思われるが、前頸に三日月状の白色部がある個体が観察されることがある。

■**♂エクリプス** ♂生殖羽に似るが、頭部に緑色光沢を欠き、嘴基部周辺や耳羽に赤褐色部が出る。脇の褐色部は♂生殖羽より広く、白色部の上方への食い込みも不明瞭な傾向。同時期の♀とは虹彩が白いことで区別できる。♂生殖羽同様に腹部が白いことなどから♂幼羽と区別できる。

■**♂1年目冬** ♂生殖羽に似るが、腹部などを中心に幼羽が残っていることから判断できる。脇の白色は換羽途上のため、♂生殖羽ほど上方に食い込んで見えないことも多い。換羽の進んだ個体は水に浮いていると区別しにくいが、脇や肩羽に古い幼羽が

残っていることから見当をつけられることも多い。

■♂幼羽　腹部が純白ではなく、細かい斑列が見られる。本種の特徴である脇のパターンや頭部の緑色光沢がまだ現れず、全体に褐色で虹彩が白いので、メジロガモとの混同に注意が必要。メジロガモより大きくてホシハジロにほぼ近く、メジロガモよりいくらか長い印象の体型で嘴も長く見えるが、姿勢や状況によっても印象が変化するので慎重な判断が必要。

■♀冬　虹彩が暗色で、嘴基部周辺に赤褐色の斑が出る。全体の羽色は、頭部の緑色光沢や胸のあずき色が明瞭で♂によく似たものから、やや地味なものまで個体差がある。嘴は♂より黒味がかり、先端の黒斑も♂より嘴爪の周辺部に広がる傾向がある。白色の翼帯は初列風切で♂より幾分灰色がかる傾向。

■♀夏　頭部の緑色光沢を欠き、耳羽にも赤褐色部が出る。脇の褐色部は広い傾向がある。

■♀1年目冬　♀冬に似るが、腹部などに細かい褐色斑の並ぶ幼羽が残る。

■♀幼羽　腹部が純白ではなく、細かい褐色斑が並び、♂幼羽に似るが虹彩は暗色。メジロガモ♀幼羽とは羽色が酷似し識別はかなり難しいと思われるので、ホシハジロなどとの比較も含め、大きさや嘴の長さ等を慎重に観察する必要がある。

アカハジロ

幅広い白色の翼帯

♂生殖羽 br.

初列風切は♂より灰褐色がかる傾向

♀冬 win.

♂生殖羽 br.　1993年3月2日 東京都板橋区

アカハジロ

♂生殖羽 br. 白い虹彩と下尾筒、緑色光沢の頭とあずき色の胸が特徴的。腹の白色部は脇のほぼ上端まで深く食い込む。嘴先端の黒斑は嘴爪に限られ狭い。1993年3月2日 東京都板橋区

♂生殖羽 br. 翼帯は幅広く白色で、スズガモやキンクロハジロに比べてより外側まで達する。1993年3月2日 東京都板橋区

♂エクリプス→生殖羽 ec.-br. 脇の白い食い込みは生殖羽ほど顕著でない。耳羽や嘴基部周辺の赤褐色はすでに目立たなくなっている。1992年11月26日 東京都板橋区

♀冬 win. 虹彩は褐色で、頭部は鈍い緑色光沢。嘴基部に赤褐色の斑がある。♀は嘴先端の黒斑が嘴爪の周辺部に広がる傾向がある。1997年12月 東京都台東区

♀1年目冬 1st win. 腹部一面に細かい斑列の並ぶ幼羽が残っている。幅広く白い翼帯が目立つが、初列風切は♂よりやや灰褐色がかる傾向。1994年3月11日 東京都足立区

♀1年目冬 1st win. 左と同一個体。嘴の黒斑は嘴爪のやや外にも広がり、頭部の緑色部は限定的で、脇の白い食い込みも目立たないが、これらは年齢・性別を考慮すると、特に明確に交雑を示す特徴とは言えない。1994年3月11日 東京都足立区

# メジロガモ

*Aythya nyroca*
Ferruginous Duck

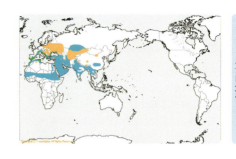

■**大きさ** 全長38cm〜42cm。翼開長60cm〜67cm。■**特徴** ♂の虹彩と下尾筒が白く、翼帯が幅広く白色である点はアカハジロと共通しているが、大きさはアカハジロやホシハジロより小さく、概ねキンクロハジロ大で、体や嘴が短くて全体にコンパクトな印象を受ける。嘴は基部の厚みは少なく小ぶりだが、潜水時や緊張時に頭部の羽毛を寝かせると相対的に嘴が大きく見えるので、特に単独での観察時には注意が必要。頭は横から見ると中央部が高く三角形に見えるが、これも羽毛の状態により著しく変化するので注意が必要。♂♀、年齢を問わず、脇は一様に褐色〜赤褐色で、アカハジロのような白色部は見られない。■**分布・生息環境・習性** かつてはヨーロッパ東部からチベットで繁殖するとされていたが、近年は繁殖分布が東進しているといわれ、極東で繁殖するアカハジロとの交雑が起きている。日本国内ではかつては1959年千葉県の1例の記録があるのみの極めて稀な種であったが、1990年福岡県の記録以降観察例が徐々に増え、現在では稀な冬鳥として関東から沖縄にかけての湖沼、池、河川などで記録がある。これに伴い近年観察例が増えているアカハジロとの雑種は、国内では純粋なアカハジロより多い状況となっている。またホシハジロとの雑種も観察される（雑種についてはp.296〜300を参照）。基本的な習性はアカハジロやホシハジロに似る。■**鳴き声** クリークリー、カッなどと鳴き、アジサシの声にやや似ている。

■**♂生殖羽** 頭部から胸が鮮やかな赤褐色。脇も似た色だが若干赤みが弱く、光線状態等によって胸部との色の差が目立つ場合と目立たない場合がある。体上面と脇に波状斑はほぼなく、至近距離では微細なものがようやく視認できる程度。ここに一見して目に付く波状斑があり灰色味の強いも

**メジロガモ♂**

先端の黒斑は小さい

**メジロガモ♂**

黒斑が嘴爪の外に広がる個体もいる

**メジロガモ♀**

♂より黒斑が嘴爪の外に広がる傾向が強い

**メジロガモ×ホシハジロ♂**

基部が黒ずむ

黒色部は嘴の外縁に沿ってU字型に広がる

のは、ホシハジロとの雑種の可能性が高いので、大きさ、嘴のパターン、虹彩など他の特徴も併せて確認する必要がある。嘴先端の黒斑は小さく、嘴爪に限られるか、もしくはその周辺部にいくらか広がる程度。これが嘴の外縁に沿って明瞭にU字型に広がるものはホシハジロとの雑種の可能性が高い。また、頭部に緑色光沢がある・脇の前縁部に白い食い込みがある・体や嘴が大きめなどの特徴が認められる場合は、アカハジロとの雑種と考えられ、特に近年国内で観察例が増えているので注意が必要。

■♂エクリプス　頭頂周辺や胸側などが黒みがかり、生殖羽より赤味が弱く見える。嘴も全体にやや黒ずみ、先端の黒斑が広めに見えるか、もしくはパターンそのものが不明瞭になる傾向がある。

■♂1年目冬　♂生殖羽に似るが、腹部を中心に細かい褐色斑の並ぶ幼羽が残る。嘴はやや黒ずみ、先端の黒斑が幾分広い傾向がある。

■♂幼羽　全体に赤味に乏しい褐色で、腹部に細かい褐色斑が並ぶ。下尾筒にいくらか褐色の斑が見られたり、虹彩も灰色味やクリーム色を帯びたりする傾向がある。羽色はアカハジロ幼羽に酷似するが一回り小さく、嘴や体が短いコンパクトな印象を受ける。ただし姿勢や羽毛の状態により印象が変化するため、特に単独での観察では注意を要する。

■♀冬　概ね♂に似た羽色だが、より暗くくすんだトーンに見える傾向で、虹彩は暗色。嘴の基部周辺にやや明るい赤褐色の斑があることが多い。嘴も♂より黒味がかり、先端の黒斑が嘴爪の外へ広がる傾向が強い。翼帯は初列風切が♂より灰褐色がかる。

■♀1年目冬　♀冬に似るが、腹部を中心に褐色斑の並ぶ幼羽が残る。幼羽は♂の場合と同様に羽色がアカハジロに酷似するので、大きさや体型を注意深く観察する必要がある。

幅広く白色の翼帯

初列風切は♂より灰色がかる

♂生殖羽 br.

♀冬 win.

メジロガモ

♂生殖羽 br. ほぼ全身赤褐色で体上面は黒褐色。虹彩と下尾筒が白い独特の配色。脇の色はやや鈍いが、胸部とそれほど極端な差はない。1993年1月14日 福岡県福岡市

♂生殖羽 br. 左と同一個体。状況により頭の形や下尾筒の白色部の面積が大きく異なって見えることに注意。1993年1月14日 福岡県福岡市

♂生殖羽 br. 嘴先端の黒斑は概ね嘴爪に限られるが個体差があり、これよりやや左右に広がる個体もいる。1993年1月14日 福岡県福岡市

♂生殖羽 br. 翼帯はアカハジロに似て幅広く白い。1993年1月14日 福岡県福岡市

♂1年目冬 1st win. 他の写真で腹部に幼羽が確認できている。嘴先端の黒斑の大きさは個体差があり、特に♀や幼鳥では嘴爪の外に広がる傾向が強い。しかしホシハジロの関わった雑種でよく見られるほど明らかにU字型に広がってはない。2012年12月16日 大阪府 大谷まち子

♀1年目冬 1st win. ♀の虹彩は暗色。摩耗・褪色の進んだ幼羽と見られる羽が多く残っている。嘴は頭部の羽の摩耗によっても相対的に一見長大に見えることがあるが、眼とのバランスなどからは依然華奢に見える。2013年11月13日 大阪府 大谷まち子

# クビワキンクロ

*Aythya collaris*
Ring-necked Duck

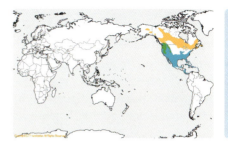

■**大きさ** 全長37cm〜46cm。翼開長61cm〜75cm。■**特徴** キンクロハジロに近い大きさと配色の潜水採餌ガモ類。キンクロハジロのような冠羽はない代わりに、後頭部が高く盛り上がって尖り、そこから後頸へ垂直に落ちるような頭の形が特徴的。ただしこの点は羽毛の状態(潜水の前後や換羽中など)によってはそれほど顕著に見えないこともある。嘴は横から見ると基部が厚く先端がやや細長く伸び、幾分ホシハジロを思わせる形状。嘴先端の黒斑はキンクロハジロよりやや広く、その内側に白色または灰色の明瞭な帯が出る。翼帯はキンクロハジロ、スズガモ、コスズガモとは決定的に異なり、次列風切から初列風切まで灰色〜灰褐色。■**分布・生息環境・習性** 北米に広く分布し、日本ではごく稀な冬鳥。東日本に記録が多い。湖沼や河川、公園池等でキンクロハジロやホシハジロの群中で観察されることが多い。習性はキンクロハジロに似て、潜水して水中のさまざまな動物を採る。人の与えるパン等に餌付いて越冬した例も多い。■**鳴き声** クョ、ピョ、グルーなどと聞こえる声で鳴く。

■**♂生殖羽** 嘴先端の黒斑の内側にキンクロハジロより太く明瞭な白帯があり、さらに嘴基部にも輪郭に沿った白線がある。頭・胸・体上面・尾筒・尾羽は黒く、胸側から肩に深く食い込む白色部があり、脇は細かい波状斑に覆われて灰色に見える。このため、キンクロハジロ♂生殖羽は遠目に白と黒の2色に見えるのに対し、本種では白・黒・灰色の3色に見える。頭部の光沢は紫が主だが、しばしば緑色味や赤味が混じり、キンクロハジロよりいくらか複雑な色に見えることが多い。頸には名前の由来となった赤紫の輪があるが、個体や観察条件によっては見えにくいことも多い。

■**♂エクリプス→生殖羽** 10〜11月頃にはまだエクリプスを多く残していて、頬に淡褐色部があったり、脇に褐色の羽が多く残っていたりすることが多い。また頭部も換羽中のため、しばしば本種独特の頭の形状が十分に現れていないことがある。

■**♂エクリプス** 7〜10月頃に全体に暗褐色の♀にやや似た羽色になるが、頭部は♀より黒っぽく、嘴基部周辺の白色部は出現するものの範囲は限定的。嘴は生殖羽に比べて全体に黒味が増して白色部は減退する。幼鳥と異なり腹は白っぽく、幼羽独特の細かい斑は見られない。

■**♂1年目冬** 換羽の進行した個体は♂生殖羽に似るが、腹部や脇などに細かい褐色斑の並ぶ幼羽を残していることで区別できることが多い。

■**♂1年目冬(早期)** 腹部に細かい斑が規則的に並ぶ点は♀幼羽/1年目冬と共通しているが、冬季には換羽が進行して頭部をはじめ全体に黒ずんだ印象になる。虹彩は濁った黄褐色。嘴の白色部は狭く不明瞭だが、時期が進むにつれて生殖羽のパターンに近づく。しばしば♂成鳥に比べて幾分小柄で細身に見える傾向がある。

■♀冬 腹部等を除き全身褐色～黒褐色でキンクロハジロ♀にやや似るが、♂に準じた後頭部の高い頭の形と、嘴基部周辺の大きな白色部、および眼の周囲の眼鏡状の白色部がよく目立つ。♂に見られる嘴基部の白線はないが、先端の黒斑の内側の淡色帯はキンクロハジロより太く明瞭。虹彩は褐色～黄褐色で、キンクロハジロ♀の黄色と異なる。翼帯の色などが本種と共通するホシハジロ♀は、頭の中央部にピークがあること、顔のパターンが異なること、顔の割に眼が小さく見えることなどから、頭の形と顔つきがかなり違って見える。ホシハジロの嘴先端の黒色部はより広く、左右の外縁に沿ってU字型に伸びている。また冬季は体上面と脇に波状斑が多く、本種より灰色味が強く見えることが多い。

■♀夏 夏季の♀は嘴が黒ずんでパターンが不明瞭になり、顔のパターンもメリハリがなくなる傾向がある。

■♀幼羽/1年目冬 ♀成鳥に似るが、特に幼羽を多く残している早期は色のメリハリが弱く比較的一様な淡褐色の印象で、後頭の尖りも目立たない傾向。換羽が進むと♀成鳥に似てくるが、♂1年目と同様に腹部や尾羽に幼羽を残していないか注意するとよい。

♂生殖羽br. ロサンゼルスでは都市部の公園池でも普通に見られ、至近距離で観察することができる。2015年1月14日 アメリカ・ロサンゼルス

♂生殖羽br. 3羽と♀冬win.（右端） ♂の白・黒・灰色の3色パターンと、嘴の太い白帯は遠くからも目立ちわかりやすい。2015年1月14日 アメリカ・ロサンゼルス

♂生殖羽 br. 後頭が高く、後頭にかけて垂直に落ちる独特の頭の形に注意。嘴、体ともに、白・黒・灰色の3色対比が明快。2015年1月14日 アメリカ・ロサンゼルス

♂生殖羽 br. 翼帯は灰色〜灰褐色で、この点はキンクロハジロよりホシハジロに似る。2015年1月18日 アメリカ・ロサンゼルス

♂エクリプス→生殖羽 ec.-br. 頬に淡褐色部があり、脇にも褐色部が多い。1992年10月17日 東京都台東区

♂1年目冬 1st win. 風切のパターンは年齢・性別による大きな違いはない。1994年2月11日 東京都台東区

クビワキンクロ

クビワキンクロ

♂1年目冬 1st win. 換羽が進むと水面上では一見成鳥に似るが、陸に上がると腹部に幼羽が残っているのがわかる。1994年2月26日 東京都台東区

♂1年目冬 1st win. 左と同一個体。腹部は規則的な細かい斑が並ぶ幼羽。この段階では胸や脇にも褐色の幼羽を残している。1994年1月13日 東京都台東区

♀冬 win. 嘴基部周辺と眼の周囲の白色部に注意。頭部の形状は基本的に♂と同様だが、幾分後頭部の尖りが緩やかな傾向がある。2015年1月14日 アメリカ・ロサンゼルス

♀冬 win. 翼帯は灰色〜灰褐色で♂と同様。2015年1月17日 アメリカ・ロサンゼルス

♀冬 win. 左上より脇の赤味が強く一様な個体。羽色には多少の個体差が見られる。2015年1月17日 アメリカ・ロサンゼルス

# キンクロハジロ

*Aythya fuligula*
Tufted Duck

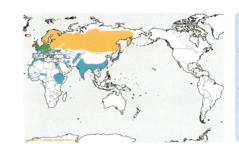

■**大きさ** 全長40cm〜47cm。翼開長65cm〜72cm。■**特徴** スズガモより一回り小柄でコンパクトな印象を与える潜水採餌ガモ類。横から見た頭部は正方形〜円形の印象で、後頭に房状に垂れ下がる冠羽がある。嘴先端の黒斑はスズガモより広く、ホシハジロより狭い。年齢・性別を問わず、体上面がスズガモ・コスズガモより暗色傾向である点が、識別の目安の一つになる。■**分布・生息環境・習性** ユーラシアに広く分布。日本では冬鳥として全国に普通に渡来し、湖沼、池、河川の淡水〜汽水域を中心に生息。河川では主に流れの緩やかな下流域や河口部、及び堰堤上で見られる。内湾のスズガモ群中に混じることもあるが多くない。翼を開かずに潜水して、軟体動物、甲殻類、昆虫類、水草などを幅広く採餌する。1990年代頃には都市公園で人の与えるパン等に餌付く個体が非常に多かったが、その後2000年代には餌付け規制に伴い大きく減少した。北海道の一部で繁殖するものもおり、特異な例としては2010年に神奈川県横浜市で翼を痛めて越夏した♂♀の番による繁殖が観察された。
■**鳴き声** グウ、グルーなどと聞こえる声で鳴き、♂はピョヨヨなどと鳴く。
■**♂生殖羽** 頭・胸・体上面・尾筒の黒と、脇の白色との明快な対比が遠目からもよく目立つ。虹彩は黄色。頭部は主に紫色光沢が出るが、条件により緑色光沢にもなり、特に朝夕など光源の位置が低い順光時に顕著。体上面は一様に黒く、スズガモやコスズガモとの重要な識別点だが、至近距離では薄く粉砂糖を振ったような微細な波状斑が見える。房状の冠羽は長く垂れ下がり特徴的だが、潜水の前後に頭部に張り付いていたり、風で反対側になびいていたりすると一見ないように見えることがある。
■**♂エクリプス→生殖羽** 完全な生殖羽への換羽には比較的長期間かかり、1月頃まで脇に褐色部や波状斑を残している個体が多い。
■**♂エクリプス** 8〜10月頃に全体に黒褐色の♀に似た羽色になる。♀よりやや大柄で、胸部や体上面などの黒味が強いこと、嘴は黒味が少ない青灰色の傾向があることなどを総合して判断する。
■**♂1年目冬** 換羽の進行した個体は♂生殖羽に似るが、腹部や脇などに細かい褐色斑の並ぶ幼羽を残していることで区別できることが多い。
■**♂幼羽/1年目冬** 腹部に細かい斑が規則的に並び、♀幼羽に似るが、幾分大柄な傾向で、脇と対比して体上面や胸の黒味がより目立つ。虹彩は成鳥より濁るが、♀幼鳥より比較的早期に黄色くなることが多い。下尾筒は白地に規則的な横斑が並ぶ。嘴は初期には黒っぽいが、その後青灰色に変化し、羽色の黒っぽさとの対比の強さが♀との区別に役立つ。換羽の遅い個体では1月頃にもまだほとんど幼羽に近いものがいて、♀と混同されやすいので注意が必要。
■**♀冬** 腹部等を除き全身褐色〜黒褐色。

嘴は♂より黒っぽい傾向。虹彩は黄色。体上面はスズガモ・コスズガモより黒味が強く、やや淡い脇との対比がより目立つ。脇は幼羽より赤味を含んだ濃い褐色の傾向。波状斑はあっても細かくわずかで、スズガモ・コスズガモほど目につかない。下尾筒は全体に白い個体から褐色部が多い個体まで変異が大きい。また個体によっては嘴基部の周囲に白色部があり、その大きさも変異が大きい。

■♀夏　夏季の♀は腹部に粗く不規則な横斑が出る傾向がある。

■♀幼羽/1年目冬　冠羽は短めで、♀成鳥より全体にバフ色味または黄褐色味を帯びた淡褐色の印象が強い。虹彩は鈍い黄褐色。秋から冬にかけて、顔や上背などから暗色の羽に換羽が進み、徐々に♀成鳥の羽色に近づくが、一見した羽色の変化はそれほど大きくない。スズガモ♀幼羽とは、一回り小さめで嘴が華奢に見えること、体上面が暗色に見える傾向があること、冠羽または多少ともそれらしき突出が認められる場合が多いこと、嘴基部の周囲の白色部が小さい傾向があることなどを総合して判断する。また、冠羽が短く、♀成鳥と印象が異なることからコスズガモと誤認される機会も多いので注意が必要。大きさや嘴の厚みなども共通するため、静止時の♀幼羽同士の識別はかなり難しい場合もあるが、本種のほうが冠羽が目立つ傾向、羽色（特に体上面）の暗色傾向、嘴基部の周囲の白色部が小さく不明瞭な傾向などを総合的に観察し、できるだけ翼帯も併せて判断する。また換羽が進むとスズガモやコスズガモでは肩羽や脇に本種より明瞭な波状斑が出現するので、この点にも注意すると判断がしやすくなる。

次列風切から初列風切に及ぶ白い翼帯

♂生殖羽 br.

♀冬 win.

キンクロハジロ

♂生殖羽 br.　白と黒の明解な配色と、後頭部の房状の冠羽が特徴。嘴先端の黒斑はスズガモ・コスズガモより大きく、横からもよく見える。2013年1月8日 東京都江東区

♂エクリプス ec.　♀に似るがやや大柄で全体に黒味が強い。2010年8月21日 神奈川県横浜市

♂生殖羽 br.　翼のパターンはスズガモと概ね同様。2013年2月3日 千葉県富津市

♂エクリプス ec.　かなり♀に似た羽色の個体だが、嘴は♀より明るい青灰色。2009年8月18日 東京都三鷹市（飼育個体）

♂1年目冬 1st win.　胸や脇に褐色の幼羽が多く残っている。腹部の褐色部はエクリプスより細かい斑状。同時期の成鳥はより生殖羽に近い状態になっているのが普通。2012年1月29日 神奈川県横浜市

キンクロハジロ

♂1年目冬 1st win. 極めて例外的に嘴先端の黒斑がコスズガモのように狭い個体。1月8日 東京都江東区

♂1年目冬 1st win. 胸から腹の細かい斑に幼羽の特徴がよく出ている。2010年1月24日 神奈川県横浜市

♂幼羽juv.（左）と♀幼羽juv.（右） 左の♂のほうがやや大柄で、黒味が強い羽色と青灰色の嘴の対比がより目立つ。2009年11月3日 神奈川県大和市

♂幼羽juv. 次ページの雛の成長後の姿。新鮮な幼羽で、嘴はまだ♀に似て黒っぽい。脇の褐色に比べて頭、胸、肩羽などの黒味が♀幼羽より強く見える。胸から腹の細かい斑と、下尾筒の規則的な縞模様は幼羽の特徴。2010年10月12日 神奈川県横浜市

キンクロハジロ

♀冬 win. 頭の羽毛を自然に立てると、♂♀とも頭部は正方形に近く見える傾向がある。脇は幼羽より赤味のある濃い褐色。2013年1月8日 東京都江東区

♀冬 win. 嘴基部周辺と下尾筒の白い個体。コスズガモより冠羽が長く、嘴先端の黒斑が広くて明瞭。体上面が黒っぽい。2009年10月31日 神奈川県横浜市

♀夏 sum. と雛 負傷個体同士の番による、関東地方での例外的な繁殖。2010年8月21日 神奈川県横浜市

♀1年目冬 1st win. 虹彩は濁った黄褐色。腹部は細かい斑がある幼羽。眼先は換羽し始めている。2007年11月18日 東京都港区

♀1年目冬 1st win. 2013年1月8日 東京都江東区

♀幼羽 juv. ほぼ完全な幼羽。全体に♂幼羽や♀成鳥より一様でバフ色がかった淡い褐色に見える。虹彩は鈍い黄褐色。2009年11月1日 東京都大田区

♀1年目冬 1st win. 褐色の虹彩と、幼羽の特徴の先端の割れた尾羽に注意。2012年11月17日 東京都大田区

# スズガモ

*Aythya marila*
Greater Scaup

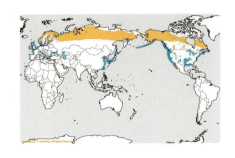

■**大きさ** 全長42cm～51cm。翼開長71cm～80cm。■**特徴** キンクロハジロより一回り大柄でがっしりした印象を与える潜水採餌ガモ類。嘴はキンクロハジロやコスズガモより基部が厚く頑強に見える。頭は前頭部が盛り上がる丸い形状で、冠羽はない。翼上面には次列風切から初列風切に及ぶ白い翼帯があり、キンクロハジロのパターンと概ね同様で、次列風切のみが白いコスズガモとの有効な識別点の一つになる。■**分布・生息環境・習性** ユーラシアと北米に広く分布。日本では冬鳥として全国に普通に渡来し、主に内湾、河口、港に生息。東京湾や伊勢湾では万単位の大群が越冬する。淡水域の湖沼や公園池にも入るが数は少なく、幼鳥の割合が高い傾向がある。遠浅の海に翼を開かずに潜水して動植物を採り、特にアサリ他の貝類を好んで食べる。時に公園池に飛来した個体がキンクロハジロに混じって人が与えるパン等を食べることもある。■**鳴き声** グルー、グゥーなどと聞こえる声で鳴き、♂はピヨヨヨなどと鳴く。

■**亜種** ユーラシアに広く分布する基亜種 *marila* と北米に分布する亜種 *nearctica* の2亜種に分けられ、後者のほうが♂の体上面の波状斑が粗く濃いとされ、この点は北米とヨーロッパの個体の比較では比較的明確。しかし日本に渡来していると思われる極東ロシア（レナ川以東）のものは、文献により *marila* とするものも *nearctica* とするものもあり、扱いが一定していない。日本で越冬するものの中に波状斑の出方にある程度変化があるため、2亜種が混在している可能性もあるが、北米とヨーロッパに比べて特徴がより連続している可能性があり、日本での確かな野外識別は今のところ困難ではないかと思われる。

■**♂生殖羽** 頭から胸と、尾羽を含む体後部が黒く、その間の体上面と脇が白っぽいため、遠目には黒・白・黒の色パターンに見える。嘴は青灰色で、先端の黒斑の幅はコスズガモに近いものからキンクロハジロに近いものまで変異が大きく、平均すると両種の中間。頭部は主に緑光沢が出るが、逆光時や斜光時には紫光沢が出る。体上面は白地に黒の波状斑に覆われ、遠目には灰色に見える。

■**♂エクリプス→生殖羽** 完全な生殖羽への換羽には比較的長期間かかり、1月頃まで脇に褐色部や波状斑を残している個体が多い。

■**♂エクリプス** 8～10月頃に全体に褐色部が多い♀に似た羽色になるが、その程度にかなり個体差がある。嘴基部には♀より小さめで不明瞭ながら白色部が出現することも多い。脇の波状斑が少なく褐色部が多い個体は♀に似るが、体格が大柄・胸部の黒味が強い・体上面に波状斑が多く淡色に見える・嘴は黒味が少なく青灰色—といった傾向を総合して判断する。

■**♂1年目冬** 第1回生殖羽への換羽が進行した個体は♂生殖羽に似るが、腹部や脇などに細かい褐色斑の並ぶ幼羽を残してい

ることで区別できることが多い。
■♂1年目冬（早期）　胸部や腹部に細かい斑が規則的に並び、♀幼羽に似るが、幾分大柄でがっしりしている。嘴は明るい青灰色で♀との区別に役立つことが多い。
■♀冬　嘴は♂より黒味がかり、先端の黒斑も広い傾向。嘴基部の周囲に大きな白色部があり目立つ。腹部等を除き全体に褐色を基調とするが、体上面と脇にキンクロハジロより顕著な波状斑が見られ、この部分が灰色に見える。ただしこの波状斑の出現範囲は個体差が非常に大きく、体上面と脇がほとんど褐色に見えるものから、一様に明るい灰色を呈するものまでさまざま。しかしいずれも体上面と脇の色の差は少ない傾向で、キンクロハジロほど脇に対して体上面が顕著に黒っぽく見えないことが多い。
■♀夏　体上面と脇の波状斑はなくなり、全体に一様な褐色になる。また耳羽に大きな淡色のパッチが出ることが多い。嘴のパターンは不明瞭で一様に見えることが多い。
■♀幼羽/1年目冬　♀冬に似るが、体格はやや小柄で華奢に見えることが多く、虹彩は濁った黄褐色。羽色は全体にメリハリがなく、一様な淡褐色の印象。嘴基部の周囲の白色部はバフ色がかることが多い。換羽が進むと徐々に♀冬と区別しにくくなるが、虹彩の色や、腹部や尾羽に幼羽が残っていないかなどに注意して判断する。

♂生殖羽 br.　　　　　次列風切から初列風切に及ぶ白い翼帯　　　♀冬 win.

**東京湾に浮かぶ大群**　2013年11月5日 千葉県浦安市

スズガモ

♂生殖羽br. 波状斑に覆われ、灰色に見える体上面がキンクロハジロとのわかりやすい違い。前頭部が盛り上がった丸い頭も特徴的。2015年2月2日 千葉県浦安市

♂エクリプス→生殖羽ec.-br. 嘴先端の黒斑の狭い個体（左）と広い個体（右）嘴先端の黒斑は狭いものではコスズガモ、広いものではキンクロハジロに近い。2012年12月10日 神奈川県横浜市

♂エクリプス→生殖羽ec.-br. 次列風切から初列風切に至る白い翼帯がある。2012年12月10日 神奈川県横浜市

♂エクリプス→生殖羽ec.-br. 冬半ばまで脇にさまざまなエクリプスの名残りが見られる。2012年12月10日 神奈川県横浜市

♂エクリプスec. 脇羽の大半は褐色。嘴基部周辺に一部白い羽毛がある。羽色や換羽の進行にはかなり個体差がある。2008年10月17日 千葉県船橋市

♂エクリプス→生殖羽ec.-br. 2009年11月9日 千葉県船橋市

スズガモ

♂ エクリプス ec. 最も羽色が♀に近い状態。♀より体格が一回り大きく、嘴は黒味がなく青灰色。2009年8月18日 東京都三鷹市（飼育個体）

♂ 1年目冬 1st win. 大半が摩耗褪色した淡褐色の幼羽。目の周囲と喉、上背・肩羽の一部が換羽している。尾羽（幼羽）も一部脱落している。2012年12月18日 千葉県富津市

♂ 1年目冬 1st win. 頭部、胸側、肩羽、脇まで第1回生殖羽に換羽済み。このため水面上では一見成鳥に似ているが、胸、腹、下尾筒まで広く幼羽が残っている。2010年1月30日 東京都江戸川区

♂ 1年目冬 1st win. 顔が換羽して黒くなり、眼の後方に緑光沢が出ている。肩羽も換羽が進んでいるが、それ以外はまだ大半が摩耗褪色した幼羽。クリアな青灰色の嘴も♀との区別点。2012年12月10日 神奈川県横浜市

♂ 1年目冬 1st win. 尾羽は先端の割れた幼羽。2012年11月27日 東京都大田区

♂ 1年目冬 1st win. 幼羽特有の腹部の細かい縦斑に注意。ただしこの部分はホシハジロ幼鳥にくらべて白っぽく、個体や観察条件によっては一見幼羽であることがわかりにくい場合もある。2012年12月10日 神奈川県横浜市

スズガモ

♀冬 win. 嘴は♂より黒みがかり、嘴基部を囲むように広い白色部がある。冬季の♀は肩羽・脇羽が波状斑に覆われ灰色に見えるが、その程度は個体差が大きい。2009年11月7日 千葉県船橋市

♀冬 win. 白い翼帯が次列風切から初列風切に及んでいる。2012年12月10日 神奈川県横浜市

♀冬 win. 肩羽や脇の波状斑の少なめの個体。成鳥の虹彩は明瞭な黄色。2012年12月10日 神奈川県横浜市

♀夏 sum. 夏季の♀は波状斑がなくなり、全体に一様な褐色になる。嘴もパターンがより不明瞭になることが多い。顔は摩耗が進み耳羽に淡色斑が出ることが多い。2013年6月2日 東京都三鷹市（飼育個体）

♀1年目冬 1st win. 脇羽の数枚に波状斑が出ている以外はほぼ幼羽。♂や♀成鳥よりやや小柄で細身の傾向。全体に色のメリハリがなく、虹彩は濁った黄褐色。2008年10月3日 千葉県船橋市

♀1年目冬 1st win. 左と同一個体。幼羽の特徴の先端の割れた尾羽に注意。2008年10月3日 千葉県船橋市

# コスズガモ

*Aythya affinis*
Lesser Scaup

■**大きさ** 全長38cm〜48cm。翼開長64cm〜74cm。■**特徴** スズガモより一回り小さく、キンクロハジロと同大。年齢・性別を問わず色彩・模様はスズガモによく似ている。嘴はスズガモより基部が薄く華奢に見える。頭部は前頭部よりも後頭部が高く盛り上がり、ピークからやや下がった位置に小さな突出が見られる。しかしキンクロハジロのような房状に垂れ下がる冠羽ではない。スズガモの群中で寝ている時は、後頭から後頸にかけての輪郭が、なだらかな曲線を描くスズガモに対して、本種では直線的に斜めに落ちていることが発見のよい手がかりになる。またキンクロハジロは頭部が四角形に近く見えるのに対し、本種では三角形に近く見える傾向があり、この点も発見の目安となる。ただし頭の形は羽毛の状態に大きく左右され、潜水の前後などに羽毛を寝かせると上述の形の差はほぼなくなる。また換羽中の個体では頭部の形が不完全であったり、スズガモでも個体差や風の当たり方で後頭部に角ができて本種に多少似た形に見えたりすることもあるので注意が必要。なお頬が膨らむことが本種の特徴と言われることもあるが、実際には状況によってカモ類全般に広く見られる特徴であり、本種の特徴ではない。翼帯はスズガモやキンクロハジロと異なり、次列風切のみが白色で、初列風切は灰褐色。そのため翼帯が綺麗に2色に分かれているように見える。この特徴は多少薄暗い条件下（またはローキーで撮影された写真など）のほうがよりわかりやすく、光線が強いと初列風切の灰褐色部が明るく見えて一見ややわかりにくい場合もあるので注意が必要。■**分布・生息環境・習性** 北米に広く分布し、日本では数少ない冬鳥として、おもに関東以北で記録がある。湖沼、公園池、河口、内湾、港などでキンクロハジロやスズガモの群れに混じって観察されることが多いが、スズガモより淡水〜汽水域を好む傾向が強く、海水域のスズガモだけの群れよりも、淡水〜汽水域のキンクロハジロの群れや、キンクロハジロ、スズガモ、ホシハジロの混群中で観察された例が多い。また1990年代頃には公園池で人の与えるパン等に餌付いて越冬した例も多い。
■**鳴き声** グルー、グゥーなどと聞こえる声で鳴く。
■**♂生殖羽** 羽色はスズガモ♂生殖羽に酷似する。嘴は青灰色で、先端の黒斑は細い縦線状に見え、嘴爪部に限られる。頭部の光沢はスズガモより紫色が出やすいが、特に朝夕の光源の位置が低い順光時には緑色になる。体上面の波状斑はスズガモよりやや粗い傾向があるが、個体や条件により差が感じられないこともある。脇は細い波状斑に覆われるが、遠目には白く見える。
■**♂エクリプス→生殖羽** 越冬期前半の11〜12月頃は、脇羽に褐色部や濃い波状模様を多く残していることが多い。また頭部は光沢が鈍く、換羽中のため頭部の形が不完全な場合もある。
■**♂エクリプス** 8月頃は胸から脇に褐色

部が多い、やや♀に似た羽色になるが、♀より頭頂などが黒っぽく、体上面の波状斑が顕著。

■♂1年目冬　換羽の進んだ個体は一見♂生殖羽に似るが、虹彩の色が鈍い、体下面や尾羽に褐色の幼羽を残している、などの点から区別できることが多い。

■♂1年目冬（早期）　早期は全体に褐色で頭部は黒っぽく、肩羽や脇に波状斑が出始めていることが多い。嘴は上面に黒色部を残していることが多いが、♀よりは全体に黒味の少ない青灰色で、黒っぽい顔との対比が目立つことが多い。

■♀冬　♀も色彩はスズガモに酷似するので、スズガモの群から探し出すには前出の大きさと頭部の形状に注意する。体上面と脇は波状斑に覆われ灰色に見えるが、その程度はかなり個体差が大きい。スズガモ♀冬と同様に、遠目には頭部の黒味の強さに対して体全体が淡色に見え、この点は体上面が黒っぽいキンクロハジロの群から探し出す際の目安となる。嘴は全体に♂より黒味がかり、先端の黒斑も嘴爪の周囲に広がる傾向があるため、スズガモ♀とのパターンの差はあまりない。キンクロハジロ♀よりは黒斑が狭く弱い傾向があるが、個体や状況によっては差がわからない場合がある。この点も含めて、♂より識別の難度は高くなるので、極力翼帯も併せて確認し判断するとよい。

■♀夏　夏季の♀はスズガモ♀夏と同様に波状斑を欠き、全体に褐色で、耳羽に淡色のパッチが出る。

■♀幼羽/1年目冬　虹彩は鈍い黄褐色で、幼羽では全体に♀成鳥より赤味に乏しい一様な淡褐色。キンクロハジロ♀幼羽との区別には細心の注意が必要だが、本種のほうが全体により淡色に見えること、頭部は明瞭な冠羽を欠き、後頭部が高く三角形に近い形状に見えること、嘴基部周辺の白色部が平均して大きいことを総合的に観察し、加えて極力翼帯も併せて確認し判断するとよい。換羽が進むと体上面と脇に波状斑が出現し、♀成鳥の羽色に近づくため、キンクロハジロとの区別は比較的容易になる。

■雑種との識別　キンクロハジロ×スズガモ、キンクロハジロ×ホシハジロなどの雑種（p.296を参照）が本種にやや似た特徴を持つことがあるので以下の点に注意が必要。これらの雑種は①冠羽が長く突き出る。②♂の体上面の波状斑がより細かく密で、遠目には脇より明瞭に暗色に見える。③嘴先端の黒斑が嘴爪の外に大きく広がり、細い縦線状ではない。④キンクロハジロ×スズガモの場合、白い翼帯は初列風切にも及ぶ。⑤ホシハジロが関わった雑種♂の場合、頭部や虹彩に赤味が混じる。⑥スズガモまたはホシハジロの影響で、体格がキンクロハジロより一回り大きめで嘴も基部が厚くがっしりしている。以上の特徴の1つ1つは、個体や状況により強く出る場合とそうでない場合があるので、1点のみに頼らず、なるべく多くの点を総合して判断する。

♂生殖羽 br.

翼帯の白色部は次列風切に限定される

♀冬 win.

♂生殖羽 br.　嘴先端の黒斑は小さく、真横からはほとんど見えない。頭部は太陽の位置が低い完全な順光では緑光沢に見える。2015年1月14日 アメリカ・ロサンゼルス

コスズガモ

♂エクリプス→生殖羽 ec.-br.　スズガモより一回り小柄で華奢。後頭部が高く、嘴基部は厚みが少ない。2006年1月5日 東京都台東区

♂1年目冬 1st win.　翼帯の白色部は次列風切に限定され、初列風切は灰褐色。2013年2月21日 東京都葛飾区

♂1年目冬 1st win.　虹彩の色が鈍く、胸などに褐色の幼羽が残っている。2015年1月14日 アメリカ・ロサンゼルス

♂1年目冬 1st win.　肩羽や脇に波状斑が現れている他はまだかなり幼羽に近い。1993年10月27日 東京都台東区

♂1年目冬 1st win.　尾羽は摩耗・褪色した幼羽で、胸部もまだ幼羽が多い。2015年1月18日 アメリカ・ロサンゼルス

コスガモ

♀冬win. 頭部に比べて体全体が淡色に見える。このため体上面の黒味が強いキンクロハジロ♀とは遠目からの色のバランスがかなり違って見える。2012年12月18日 千葉県富津市

♀冬win. 上と同一個体。翼帯の白色部は次列風切に限定され、初列風切は灰褐色。この2色の対比は多少薄暗い条件下のほうがより顕著に見える傾向がある。2012年12月18日 千葉県富津市

♀冬win. ♀の嘴は全体が黒味がかり、パターンが曖昧。嘴爪周辺も黒ずんでいて、キンクロハジロのパターンに似ることがあるが、平均的にはそれより黒味が弱く狭い傾向はある。嘴基部はスズガモより薄く華奢。2015年1月19日 アメリカ・ロサンゼルス

♀1年目冬1st win. 虹彩は褐色で、羽色もメリハリがなく地味な印象。幼羽から徐々に換羽が進行中で、肩羽に一部波状斑のある淡色の羽が出ている。キンクロハジロでは体上面はこれより一様に暗色。三列風切は脱落している。2015年1月18日 アメリカ・ロサンゼルス

# コケワタガモ

*Polysticta stelleri*
Steller's Eider

■**大きさ** 全長42cm〜48cm。翼開長68cm〜77cm。 ■**特徴** 中型の潜水採餌ガモ類だが、灰色の嘴はシノリガモやコオリガモなど他の多くの種より長いため、頭部のシルエットは水面採餌ガモ類に幾分似ている。また♂成鳥を除き、褐色の体に加えて翼鏡を挟む2本の白線という配色が、コガモなどの水面採餌ガモ類の♀や幼鳥と共通しているので、嘴の色と形状、顔や体の模様、行動などの違いに注意する。生息環境も重要な注意点だが、コガモなどの水面採餌ガモ類が、内湾のみならず外海で見られる等の例外も時にはあるので注意が必要。 ■**分布・生息環境・習性** ごく少ない冬鳥として北海道の海上・海岸に渡来し、岩礁のある岬周辺や港で観察された例が多い。かつては根室市の納沙布岬周辺に数十羽の群れが渡来していたが、近年は減少している。翼を半開して潜水し、軟体動物や甲殻類等を捕る。群れの場合はこの潜水を一斉に行うことも多い。 ■**鳴き声** 低く濁った声でグー、ググーなどと鳴く。

■**♂生殖羽** 白い頭に眼の周りと喉の黒、後頭部の丸い緑色の瘤状隆起、黒い首輪状の模様、白黒の縞状の肩羽と三列風切など、非常に特徴的な羽色で他に見間違う種はいない。雨覆は白く、体下面は広く橙色味を帯びる。

■**♂エクリプス** 全体に褐色で♀に似た羽色になるが、雨覆が白く、三列風切から次列風切の先端部も幅広く白い。

■**♂1年目冬** 全体に暗褐色で♀に似るが、肩羽の内弁が細長く白い♂生殖羽に似たパターンが現れ、胸側や脇に白い羽毛が混じることも多い。後頭部に瘤状の隆起が見られることもあるが、♂生殖羽ほど明瞭なものではなく、特に羽毛を寝かせている状態では目立たないことも多い。♂エクリプスと異なり雨覆は褐色。三列風切は基部に青色光沢が見られるが、先端は褐色で幅広い白色の羽縁はない。

■**♀冬** 全身一様で濃厚な暗褐色で、翼が見えていれば翼鏡を挟む2本の太い白帯が目立つ。観察条件が良いと、三列風切と次列風切の翼鏡には鮮やかな青色光沢が見られる。三列風切内弁は白色で、外弁の青とのストライプ状に見えるが、白色部の幅には個体差があり、また羽の重なり方によってそれほど顕著には目立たないこともある。

■**♀1年目冬** ♀冬に似るが翼鏡を挟む2本の白帯は細く、翼鏡と三列風切は黒褐色で青色光沢はない。全体の色調は♀冬よりやや灰色味がかった鈍い褐色に見える傾向がある。

♂生殖羽 br.　2013年3月22日 ノルウェー・ポーツフィヨルド　小原伸一

♂生殖羽 br.（左3羽）、♀冬 win.（右2羽）　♀の翼鏡を挟む2本の白帯は非常に目立つが、脇と肩羽に隠されて見えないこともある。2013年3月22日 ノルウェー・ポーツフィヨルド　小原伸一

# ケワタガモ

*Somateria spectabilis*
King Eider

■**大きさ** 全長55cm〜63cm。翼開長87cm〜100cm。■**特徴** コケワタガモとホンケワタガモの中間の大きさで、比較的ずんぐりした体型。ホンケワタガモが嘴から額にかけてなだらかなスロープを描き、独特の面長な顔つきを呈するのに対し、それよりはやや額が高くて嘴も短く、幾分丸顔の印象を与える。■**分布・生息環境・習性** ユーラシアと北米の北極圏、及びグリーンランドで繁殖し、日本では北海道で僅かな記録があるのみの迷鳥。冬季は海上・海岸に生息。翼を半開して潜水し、軟体動物や甲殻類などを捕る。■**鳴き声** ♂はウウーまたはウルルル、♀はゴォゴォゴォなどと鳴く。

■**♂生殖羽** 嘴基部の橙黄色の大きな瘤と、濃いピンク色の嘴、青灰色の頭頂から後頭部といった、独特の形状・色彩を持ち、他に見間違うような種はいない。肩羽は一様に黒色で、ここが白いホンケワタガモやメガネケワタガモとはこの点でも大きく異なっている。中・小雨覆は白く、飛翔時に大きな白いパッチを形成する。

■**♂2年目冬** ♂生殖羽に似るが、嘴基部の瘤は小さめで、中・小雨覆の白色部は黒斑が混じり狭く見える。頭から頸にかけて黒褐色の小斑が混じる個体もいる。

■**♂エクリプス** 全体に黒褐色だが、胸はやや淡色で、中・小雨覆は♂生殖羽と同様に白色。嘴基部の瘤は生殖羽よりはやや小さくなり、色も褪せる傾向がある。

■**♂1年目冬** 全体に褐色部が多く、嘴基部の瘤も発達が弱くて♀にやや似るが、・嘴基部が橙色を帯びる・胸が白くなる・肩羽と脇に黒い羽毛が出現するなど、♂生殖羽に準じた特徴が見られる。しかし三列風切や雨覆は淡褐色の羽縁がある幼羽が遅くまで残り、白いパッチが見られない。腹部も細かい褐色斑が並ぶ幼羽が残る。

■**♀冬** 全体に赤褐色で黒斑に覆われる。ホンケワタガモ♀に似るが、嘴は短めで額に食い込む上端部も幅広で短い。頭部も額が高くて丸みを帯び、額が低くて極端に面長なホンケワタガモとは顔つきが異なる。ただし頭の羽毛を寝かせていると額が低くなり、相対的に嘴も長く見えることがあるので、特に単独で距離がある場合などには注意が必要。脇は三日月型の黒斑が並んで鱗模様に見える傾向が強く、長い縞状になるホンケワタガモとは異なる。

■**♀1年目冬** ♀冬に似るが、雨覆や腹部に幼羽が残る。幼羽の脇、肩羽、雨覆は羽縁が狭くてより暗色に見える。大雨覆の白帯も狭い。腹部は細かい斑が並ぶ。♀冬より頭部の羽毛の膨らみが少なくて額がやや低く、嘴も相対的に長く見えることがあるので、ホンケワタガモとの区別には嘴の形状などを注意深く観察する。

ケワタガモ

♂生殖羽 br.　　中・小雨覆に大きな白いパッチ

♂2年目冬 2nd win.　　中・小雨覆の白いパッチは小さい

♂エクリプス ec.　　中・小雨覆に大きな白いパッチ

♀冬 win.　　大雨覆に白線

♀1年目冬 1st win.　　大雨覆の白線は細い／腹部は幼羽で細かい斑が並ぶ

♂1年目冬 1st win.　　雨覆は幼羽で白いパッチを欠く

♂生殖羽 br.　嘴基部の橙黄色の大きな瘤が特徴。肩羽は黒く、角状の突起がある。2013年3月22日 ノルウェー・ポーツフィヨルド 小原伸一

♀冬 win.　ホンケワタガモより頭が丸く嘴が短い。脇の模様は鱗状。2013年3月22日 ノルウェー・ポーツフィヨルド 小原伸一

♂2年目冬 2nd win.　嘴基部の瘤は小さい。雨覆の白いパッチは小さくて黒斑が混じる。2013年3月22日 ノルウェー・ポーツフィヨルド 小原伸一

# ホンケワタガモ

*Somateria mollissima*
Common Eider

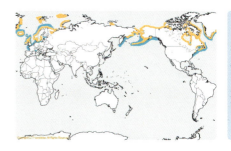

■**大きさ** 全長60cm〜70cm。翼開長95cm〜105cm。■**特徴** 同属中最大の種で、眼が小さく前後に長い顔と、額から嘴先端にかけての長いスロープ、基部の上端が額に深く食い込む嘴が特徴的。■**分布・生息環境・習性** 極東ロシア、北米、ヨーロッパ等、北半球の北方地域に広く分布するが、同属の他種と同様に冬季も比較的北方の海域に留まる傾向が強く、日本では1971年2月に北海道落石岬で観察されたという情報があるのみ。繁殖地で巣に敷き詰める綿羽は最高級ダウンとして知られる。■**鳴き声** ♀はゴアゴアまたはグワグワと低い声で鳴き、♂はアオーと唸るような声で鳴く。
■**亜種** 世界に下記の6亜種が知られ、♂の嘴の色と形状その他が少しずつ異なる。
*v-nigrum* アジア北東部、アラスカ
*borealis* カナダ北東部、グリーンランド、アイスランド
*sedentaria* ハドソン湾、ジェームス湾
*dresseri* カナダ南東部、アメリカ合衆国北東部
*faeroeensis* フェロー諸島
*mollissima* ユーラシア北西部
　このうち日本に出現する可能性が高いのは亜種*v-nigrum*。♂は嘴が鮮やかな黄色で、基部上端が細く尖って額に食い込む他、喉に大きなV字型の模様があるのが特徴。独立種として扱われる場合もある。
■**♂生殖羽** 頭部は眼の周辺から上が黒くて白い頭央線がある独特のパターン。嘴の基部上端は額に深く食い込むが、ケワタガモのように瘤状にはならない。亜種*v-nigrum*ではここが鮮やかな黄色で細く尖る。肩羽はケワタガモと異なり白色。胸はケワタガモと同様に淡色で、ここが腹から続く灰黒色で覆われるメガネケワタガモと異なる。
■**♂エクリプス** 全体に黒褐色だが、中・小雨覆は♂生殖羽と同様に白色。
■**♂1年目冬** 白い肩羽や黒い脇など、♂生殖羽の特徴が徐々に現れるが、雨覆や腹部に幼羽が残る。
■**♂1年目冬（早期）** 早期は全体に黒っぽい羽色になり、その後生殖羽が現れ始める。一見した羽色はエクリプスに似るが、雨覆は白くなく、腹部等に細かい斑の並ぶ幼羽が見られる。
■**♀冬** 全体に褐色で黒い斑紋に覆われ、大雨覆先端には白線がある。腹部は一様な暗灰色。ケワタガモ♀に似るがより大型で、より前後に長く間延びしたような顔つき。脇の模様はケワタガモ♀のような鱗状ではなく、縞状に流れている。メガネケワタガモ♀とは眼鏡状の顔のパターンがないことの他、嘴の裸出が大きい点も異なる。
■**♀1年目冬** ♀冬に似るが、大雨覆先端の白線は目立たず、腹部に細かい斑が並ぶ幼羽が残る。
■**幼羽** ♀冬に似るが、体上面は全体に淡色の羽縁が狭く、その結果暗色傾向に見える。胸から腹は幼羽独特の細かい斑が整然と並ぶ。

ホンケワタガモ

**亜種 *mollissima* ♂生殖羽 br.** ケワタガモと異なり、体上面は一様に白い。2013年3月22日 ノルウェー・ポーツフィヨルド 小原伸一

**亜種 *mollissima* ♀冬 win.** ケワタガモ♀に似るがより大柄で顔が長い。脇の模様は縞状。2013年3月22日 ノルウェー・ポーツフィヨルド 小原伸一

**亜種 *mollissima* ♂1年目冬（前列右から2羽目）** 肩羽が白い羽に換羽している。2013年3月22日 ノルウェー・ポーツフィヨルド 小原伸一

# メガネケワタガモ

*Somateria fischeri*
Spectacled Eider

■**大きさ** 全長51cm〜58cm。翼開長84cm。■**特徴** 年齢・性別を問わず、大きな眼鏡をかけたような顔のパターンが特徴的。また同属の他種と異なり、嘴基部は鼻孔付近まで羽毛に覆われている。■**分布・生息環境・習性** 極東ロシアからアラスカで繁殖する、日本では未記録のケワタガモ類。越冬地はベーリング海が知られ、冬もあまり南下しないと考えられるが、北日本で今後記録される可能性もある。

■**鳴き声** ♂はウウー、♀はゴゴゴゴなどと鳴く。

■**♂生殖羽** 顔の白い眼鏡状の模様、灰緑色の後頭部、黄色い嘴の組み合わせが特徴的。体下面の黒色部は、ケワタガモやホンケワタガモと異なり、胸の上部までを広く覆っている。また肩羽はケワタガモと異なり白色。

■**♂エクリプス** 全体に暗褐色で♀に似るが、中・小雨覆や三列風切は生殖羽と同様に白い。眼鏡状の模様は灰褐色を帯びるが、形そのものは生殖羽と変わらないため他種との区別は容易。

■**♂1年目冬** ♂生殖羽に似るが、雨覆や腹部に褐色の幼羽が残る。

■**♀冬** 全体に赤褐色で、黒い横斑に覆われる。眼鏡状の顔のパターンや、鼻孔付近まで羽毛に覆われる嘴といった特徴は♂と共通。

■**♀夏** ♀冬より全体に赤褐色味が弱く、色褪せたような灰褐色の印象が強い。胸は細い横斑が並ぶ。

■**幼羽** ♀夏に似た羽色だが、背や肩羽は暗色部がより優勢で、暗色の地に狭い羽縁がある鱗模様の印象。胸は細かい縦斑が並び、腹部も細かい斑が並ぶ。♀1年目冬も腹部等にこの幼羽が残っていることなどから♀冬と区別できる。顔の眼鏡状の模様と嘴基部は成鳥と変わらず、他種とのよい識別点になる。

# シノリガモ

*Histrionicus histrionicus*
Harlequin Duck

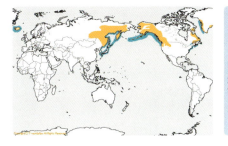

■**大きさ** 全長38cm〜45cm。翼開長63cm〜70cm。■**特徴** 嘴は短く青灰色で、頭部は額が高くて丸みが強い。年齢・性別を問わず、顔の前半部に大きな白斑、耳羽付近には丸い白斑がある。尾はやや長め。翼上面は♂成鳥の三列風切と雨覆に限定的な白色部がある以外は概ね一様に暗色で、顕著な翼帯等はない。■**分布・生息環境・習性** 極東ロシア、北米、グリーンランド及びアイスランドで繁殖し、日本では九州北部以北の海上、海岸、漁港などに冬鳥として渡来。特に岩礁地帯でよく見られ、消波ブロックもよく利用する。翼を半開して潜水し、軟体動物や甲殻類、水棲昆虫等を捕る。東北地方と北海道の河川上流部・山地渓流で少数が繁殖している。

■**♂生殖羽** 暗い青灰色、赤褐色、白、黒、の入り組んだ特徴的な羽色で、見間違うような種はいない。

■**♂エクリプス** 全体に暗褐色で♀に似るが、翼は雨覆に小白斑、三列風切に大きな白色部があり、♂生殖羽のパターンと同様。腹は暗色。

■**♂1年目冬** 一見♂と♀の中間的な羽色に見える。換羽の進んでいない個体は♀に似るが、頭側線や側頸の白い縦線など、頭部から徐々に♂の特徴が表れる。換羽が進んだ個体は♂生殖羽似るが、雨覆や腹部などに幼羽が残ることから判断できることが多い。

■**♀** 全身暗褐色で、♂のような頭側線や側頸の白い縦線を欠く。腹部は汚白色のものから粗い暗褐色の斑紋が全面に入るものまで変化が大きい。コオリガモ♀とは、顔の白斑と腹部以外がすべて一様な暗褐色である点が異なる。ビロードキンクロ♀とは、頭がより丸く嘴が短いこと、眼先の上にも白斑があること、翼が一様に暗色であることなどが異なる。ヒメハジロ♀とは、体が大きく顔の白斑が複数個あること、翼が一様に暗色であることで区別できる。

■**♀1年目冬** 腹部や尾羽などに摩耗・褪色した幼羽が残り、換羽済みの新羽との間に色味や質感の差があることで♀成鳥と区別できるが、♀成鳥の腹部が常に暗色なクロガモ等と比べて、年齢識別はやや難しい。

■**幼羽** ♀成鳥に酷似し、比較的区別が難しいが、腹部の斑が細かく整然と並んでいることなどからある程度見当をつけることができる。

シノリガモ

♂生殖羽 br. 独特の配色は一見派手だが、白波の打ち寄せる岩場には意外によく溶け込む。2011年12月5日 千葉県銚子市

♂生殖羽 br. 肩羽と三列風切に白色部があり、雨覆にも小白斑があるが、それ以外の翼上面は一様に暗色。次列風切は青みがかる。2014年2月28日 神奈川県横須賀市

♂1年目冬 1st win. 一見♂♀の中間のような羽色だが、腹部は細かい小斑の並ぶ幼羽。側頸や胸側の白線は♀との区別に役立つ。2014年2月28日 神奈川県横須賀市

♂1年目冬 1st win. 左と同じ個体。尾羽も摩耗褪色が進んだ幼羽。2014年2月28日 神奈川県横須賀市

シノリガモ

♂ 1年目冬 1st win. 極めて地味な暗褐色で一見♀に似るが、顔のパターンは♂の特徴がすでに現れている。側頸と胸側の白線に注意。2008年12月28日 千葉県銚子市

♀ 耳羽に丸い白斑があるが、その後ろの縦の白線はない。腹部は白っぽいが、粗い横斑が密に入る個体もいて変化が多く、年齢識別はクロガモ属の種より難しい。摩耗褪色した幼羽の有無などに注目するとよい。2010年2月25日 千葉県船橋市

♀ 1年目冬 1st win. 腹部はこの2羽でかなり色やパターンに差があるが、どちらも幼羽。右の個体では、褪色した幼羽の残る前胸と、換羽済みの胸側との間にコントラストが生まれている。2羽ともに尾羽も幼羽で、摩耗・褪色及び脱落がかなり進んでいた。2014年2月28日 神奈川県横須賀市

# アラナミキンクロ

*Melanitta perspicillata*
Surf Scoter

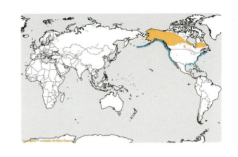

■**大きさ** 全長45cm〜56cm。翼開長76cm〜92cm。■**特徴** ビロードキンクロに似るが、翼は一様に黒くて白い部分はない。頭部の形はビロードキンクロより額が出て角張って見える。♂♀、年齢を問わず、近距離で観察可能な場合は嘴基部側面の形状が重要な識別点になる。嘴の裸出部の輪郭は、口角からほぼ垂直に切り立ち、口角から前方に深く湾入するビロードキンクロとは明らかに異なる。■**分布・生息環境・習性** 稀な冬鳥として本州中部以北の海上、海岸、漁港などに渡来し、クロガモやビロードキンクロの群中で見つかることが多い。■**鳴き声** ♂はアーアーと聞こえる声で鳴く。

■**♂** 額と後頸に大きな白斑があり、黄・赤・白・黒の色鮮やかな嘴は基部が太く、大きな黒斑がある。この独特の顔のパターンから遠目でも容易に識別できる。他のカモ類のエクリプスに相当する明確な羽衣はない。

■**♂1年目冬** 嘴や頭部から徐々に♂の特徴が現れ、虹彩も時期と共に褐色から灰色、白色と変化する。換羽済みの新羽は黒く、摩耗・褪色した幼羽部分は淡褐色に見える。腹部は淡色で細かい斑があり、摩耗・褪色の著しい個体では白く見える。

■**♀** 全身黒褐色で嘴は黒っぽく、虹彩は褐色。ビロードキンクロ♀に似るが、頭の形は角張って見える傾向が強く、過眼線より上が帽子を被ったように黒味が強い。眼先、耳羽、後頸の3か所に白斑が出るが、後頸のものはない個体もいる。耳羽の白斑は個体差が大きいが、大きな丸斑ではなく長方形や三角形に見えることが多い。嘴基部の裸出部が大きいため、その分眼先下の白斑が狭く縦長に見える傾向が強い。ただしビロードキンクロ♀や幼鳥も個体や摩耗状態により顔のパターンには変化が多いので、特に嘴の形状が見えにくい遠方からは、頭部形状や次列風切の白色部の有無などを慎重に見極める。

■**♀1年目冬** 摩耗・褪色した幼羽と黒褐色の新羽が混在し、♀成鳥より継ぎはぎの印象に見える。腹は淡色で細かい斑があり、摩耗・褪色の著しい個体では白く見える。後頸の白斑はない。

■**幼羽** 成鳥より鈍い灰褐色に見え、腹部は淡色で細かい斑が並ぶ。

翼上面は一様に黒っぽい

♂    腹は暗色 ♀    腹は淡色 ♂1年目冬 1st win.    腹は淡色 ♀1年目冬 1st win.

アラナミキンクロ

♂ 額と後頸の白斑、独特の嘴の形状と模様などから識別は容易。頭は角張って見える傾向があるが、下の写真のように羽毛を寝かせた状態ではビロードキンクロに近いシルエットになる。2015年1月18日 アメリカ・ロサンゼルス

♂1年目冬 1st win. 嘴は♂の特徴が現れているが、色も鈍くまだ不完全。額の白斑はなく、虹彩は灰褐色。腹部は摩耗・褪色した幼羽が残り淡色に見える。2015年1月18日 アメリカ・ロサンゼルス

アラナミキンクロ

♂と♀ 翼はほぼ一様に暗色で、目立つ模様等はない。2015年1月18日 アメリカ・ロサンゼルス

♀ 後頸に白斑があるが、♂よりは弱く、ない個体もいる。2015年1月16日 アメリカ・ハンティントンビーチ

♀1年目冬 1st win. 同時期の♀成鳥に比べて摩耗した幼羽が目立ち、羽色・質感が不均一に見える。胸〜腹は淡色で細かい斑が並ぶ幼羽の特徴が出ている。後頸の白斑はない。口角から垂直に切り立った嘴基部側面の形状はビロードキンクロとの識別に重要。2015年1月16日 アメリカ・ハンティントンビーチ

# ビロードキンクロ

*Melanitta deglandi*
White-winged Scoter

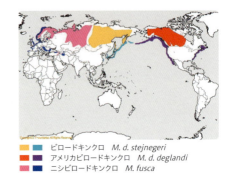

- ビロードキンクロ　*M. d. stejnegeri*
- アメリカビロードキンクロ　*M. d. deglandi*
- ニシビロードキンクロ　*M. fusca*

■**大きさ**　全長51cm〜58cm。翼開長86cm〜99cm。■**特徴**　全身黒っぽく、クロガモより大柄で長い体型。特に亜種ビロードキンクロでは、なだらかな額のスロープと細長く尖る嘴によって形成される、面長で三角定規のような頭の形が特徴的。♂♀・年齢を問わず、次列風切（及び大雨覆先端）の白色部がクロガモ、アラナミキンクロとの良い識別点。ただしこの白色部は肩羽と脇羽に完全に隠されて見えないことも多いので注意が必要。アラナミキンクロとは、♂♀・年齢を問わず嘴基部の形状も重要な識別点。■**分布・生息環境・習性**　九州以北の海上、海岸、港などに冬鳥として渡来する。しばしばクロガモと混群を形成する。関東では千葉県の九十九里浜で大きな群れが越冬するがクロガモよりは少ない。東京湾のスズガモの群中等でも少数が観察される。おもに砂質の海岸で翼を半開して潜水し、軟体動物、甲殻類などを捕食する。■**鳴き声**　♂はフィー、アー、♀はクラーと鳴くが、クロガモより声を聞く機会は少ない。

■**亜種**　国内には極東ロシアで繁殖する亜種ビロードキンクロ*stejnegeri*が冬鳥として渡来する。北米産の亜種アメリカビロードキンクロ*deglandi*は2012年に北海道で♂が観察され、2014年には千葉県で少なくとも♂3個体が観察されており、今後さらに記録が増えていく可能性がある。また近年は別種として扱われることが多いニシビロードキンクロ*Melanitta fusca*は、ロシア西部からヨーロッパ北部で繁殖し、国内では2012年2月に北海道で♂1羽が撮影されている。

### 亜種ビロードキンクロ
### *stejnegeri*

■**♂**　全身が黒く、眼の下に後方がつりあがった三日月型の白色部がある。嘴の上部基部寄りに瘤状の突起があり、嘴の前半部は赤く、外縁に沿って黄色部がある。瘤の大きさや赤色部の形状は個体差がある。アラナミキンクロのような額と後頸の白斑はなく、嘴の形状・パターンも異なる。夏季に古い羽が褐色味を帯びるなどの変化はあるが、他のカモ類のエクリプスに相当する明確な羽衣はない。

■**♂2年目冬**　♂成鳥に似るが嘴の瘤が低く、眼の下の白色部も小さい。

■**♂1年目冬**　冬季には摩耗した褐色の幼羽と、換羽済みの黒い羽の継ぎはぎ状で、♂と♀の中間のような外観から比較的容易にそれとわかることが多い。嘴の瘤は未発達で、腹部は淡色で幼羽特有の細かい褐色斑に覆われる。♀1年目冬とは、体格が一回り大柄で、嘴が長大なためより面長で眼の小さい印象に見えること、虹彩が徐々に暗色から灰色に変化すること、嘴の鼻孔下

に明瞭なピンク色が出ることなどを総合して判断する。

■♀　全身黒褐色で眼先下と耳羽に白斑がある。ただし羽毛が新鮮な状態ではこの部分の各羽毛の先端が暗色であるため、これに隠されて白斑が目立たない。頬の白斑はアラナミキンクロより丸く見える傾向が強いが、大きさや形状は個体差がある。顔の白斑を除いた黒褐色部は一様で、アラナミキンクロのような眼の上と下での顕著な明暗差がない。嘴は黒色だが、鼻孔の下や嘴爪周辺に不明瞭なピンク色や肉色が出る個体もいるため、♂1年目冬との区別は羽色や虹彩、体格も含めて総合的に行う。

■♀1年目冬　♀成鳥に似るが、腹部は淡色で幼羽特有の細かい斑に覆われる。褪色した幼羽部は♀成鳥より淡い褐色で、換羽済みの黒褐色の羽とのコントラストができて継ぎはぎ状の印象に見えることが多い。顔の幼羽部の摩耗・褪色が進んだ個体は白色部が大きくなり、またこれと換羽済みの暗部が作り出す不規則な模様から、遠目にはアラナミキンクロ♀と誤認される恐れがあるので、頭部形状や次列風切の白色部の有無などを慎重に見極める必要がある。換羽が進むと遊泳時は♀成鳥との区別が難しくなるため、腹部に残る幼羽に注意する。♂1年目とは、一回り小柄な体格、嘴が小さめで♂ほど極端に面長ではない顔の印象、暗色の虹彩、嘴に顕著なピンク色がないことなどの点を総合して区別する。

### 亜種アメリカビロードキンクロ
*deglandi*

■♂　亜種ビロードキンクロに比べ、①嘴の瘤状突起が低く目立たない　②嘴の外縁に黄色部がない　③額が出て頭部が四角い印象に見える　④脇が褐色—といった点を総合して判断する。嘴の瘤状突起は亜種ビロードキンクロでも目立たない個体がいるので要注意。脇は亜種ビロードキンクロでも光線状態等により一部褐色味が出ることがあるが、本亜種はそれよりも脇全体が明瞭な褐色で、黒い背や胸部との差が明確なため、かなり遠くからでも目に付くことが多い。ただし採餌中は翼を半開して脇を隠していることが多いので注意が必要。また亜種ビロードキンクロ♂1年目冬との混同にもやや注意が必要だが、亜種ビロードキンクロは1年目の換羽で既に脇に黒色の羽が出始めるため、完全な♂成鳥の顔・嘴の色彩と、一様に褐色の脇が普通同時には現れない。

■♀　亜種ビロードキンクロ♀に酷似し、識別はかなり難しい。嘴峰の裸出部は亜種ビロードキンクロよりやや短く、横から見ると上端が鼻孔により近い位置にある。この結果基部の境界線は垂直に近く見える傾向があり、また嘴自体も頭との比較で短い印象を受けることが多い。しかし個体や観察角度、距離等によっては差がわかりにくい。頭部は♂と同様に額が出て角張った印象に見える傾向があるが、この点も状況により著しく変化するため注意が必要。幼鳥の識別もこれに準じる。

### ニシビロードキンクロ
*Melanitta fusca* Velvet Scoter

■♂　嘴の瘤状突起はアメリカビロードキンクロよりさらに小さい。嘴の淡色部は黄色〜橙色で、他の2亜種に比べて鼻孔より後方に大きく食い込む。眼の下の白色部は小さい傾向があるが、他2亜種でも個体差があり、特に2年目では小さいので注意が必要。脇は亜種ビロードキンクロ同様に黒い。

■♀　ビロードキンクロ・アメリカビロードキンクロと異なり、嘴基部の境界線は口角から急勾配で鼻孔付近に向かうのが大きな特徴。この結果、上嘴基部のうち上部よりも下部（口角付近）の裸出部が幅広く見える。遠目には頭部が丸く、嘴は先端がやや反り上がった印象に見えることが多い。幼鳥の識別もこれに準じる。

ビロードキンクロ

**亜種ビロードキンクロ** *stejnegeri* ♂ 全身黒色で眼から後方につり上がった白色部があり、嘴には顕著な瘤状突起がある。嘴外縁部は黄色い。2014年1月20日 千葉県長生郡

**亜種ビロードキンクロ** ♂ 白い次列風切は♂♀、年齢を問わず本種の大きな特徴。沖合を飛んでいても非常に目立つ。より詳しく見ると大雨覆先端部も白く、♀より♂、幼鳥より成鳥で幅広い傾向がある。2013年12月30日 千葉県浦安市

**亜種ビロードキンクロ** ♀ 白い次列風切に注意。成鳥では腹部も暗褐色。2014年2月25日 千葉県長生郡

**亜種ビロードキンクロ** ♀ 全身黒褐色。顔の白斑の大きさは個体差が大きい。嘴基部の形状も個体差があり、この個体では瘤が比較的目立つ。♂成鳥1羽と行動を共にしていた。2014年2月25日 千葉県長生郡

亜種ビロードキンクロ ♂ 1年目冬 1st win. 嘴に明瞭なピンク色部があるが瘤はない。虹彩は灰色。♀より大柄で顔がより長く見える傾向。顔の白色部の有無、および大きさや形状は個体によりさまざま。2015年2月10日 千葉県銚子市

亜種ビロードキンクロ ♀ 1年目冬 1st win. 体の大部分は褪色した幼羽で、♀成鳥より淡色。2015年2月10日 千葉県銚子市

亜種ビロードキンクロ ♀1年目冬 1st win.(左)、♂1年目冬 1st win.(右) 幼鳥は腹部が淡色で、暗色の頭部との明暗差が飛翔時等によく目立つ。♂はやや大柄で、頭部が一回り長大なことも読み取れる。2014年2月25日 千葉県長生郡

亜種アメリカビロードキンクロ deglandi ♂ 脇の褐色は遠目からもかなり目立つ。嘴の外縁部に黄色ラインはない。上下は別個体。2014年1月20日 千葉県長生郡

亜種アメリカビロードキンクロ ♂2年目冬 2nd win. 眼の下の白色部が小さい。クロガモと異なり潜水時に開翼するため、採餌中は脇の褐色部が翼に隠れていることも多い。上下同一個体。2014年1月20日 千葉県長生郡

ビロードキンクロ

# クロガモ

*Melanitta americana*
Black Scoter

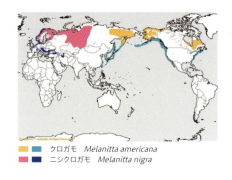

クロガモ　*Melanitta americana*
ニシクロガモ　*Melanitta nigra*

■**大きさ**　全長43cm〜54cm。翼開長70cm〜90cm。■**特徴**　全身黒っぽく、飛翔時も顕著な翼帯などはない。ただし初列風切各羽の内弁や、翼下面の風切部分と下部大雨覆などは灰色っぽく、光線状態等によってはこれらの灰色部が白っぽく光って見えることがある。体型は、丸い頭部や短い頸、分厚い嘴なども相まって、ビロードキンクロより全体にずんぐりした印象を受ける。また、最外側初列風切（p10）が細く短いという、カモ類としてはやや特異な翼式を持っている。■**分布・生息環境・習性**　極東ロシアと北米で繁殖。日本では九州以北の海上、海岸、内湾、港などに冬鳥として渡来し、特に砂質の海岸で多くが越冬する。特に東〜北日本の太平洋側に多く、場所によっては数千〜数万羽の大群をなす。関東では千葉県の九十九里浜が最大の越冬地だが、東京湾奥部でも小規模な群が観察される。他に沿岸湖沼や、ごく稀には内陸の湖沼で観察されることもある。時に少数が越夏することがある。また1965年夏に北海道阿寒湖で幼鳥の観察記録があり、繁殖の可能性も示唆されているが、その後の確認例はないという。潜水して貝類や甲殻類などを捕食するが、この際にはビロードキンクロにように翼を開かない。水面上で羽ばたきを行う際には、他の多くのカモ類のように上方に首を伸ばすだけでなく、その後にお辞儀をするように深く頭を下げる動作が特徴的。越冬中に1羽の♀を複数の雄が取り囲んで盛んに鳴いたり、胸を張って尾羽を上げたりする求愛行動がよく観察される。またこの際に、水しぶきを上げて水面上を滑走したり、短距離を飛んで着水したりする行動もよく見られる。越冬群は♂♀、成鳥・幼鳥がよく混じるが、しばしば求愛ディスプレイを行う成鳥のグループと、幼鳥ばかりのグループに分かれていることがある。■**鳴き声**　♂は「ピィー」とやや長く伸ばす口笛のような特徴的な声でよく鳴く。ヒドリガモのような強く張りのある調子ではなく、どちらかというと力の抜けた、または淋しげな印象を受ける。♀はクルル、またはグルルなどと低く鳴く。

■**♂**　全身黒色で、嘴基部が黄色〜橙色で瘤状に盛り上がっていること以外に目立った模様がない。この単純明快な全体のパターンから、通常他に迷うような種はいない。夏季に摩耗・褪色した古い羽とより黒い新羽とが色むらを形成することはあるが、他のカモ類のエクリプスに相当する明確な羽衣は知られておらず、羽色の大きな季節的変化はない。

■**♂1年目冬**　嘴基部の黄色や黒い羽色といった♂の特徴が徐々に現れる。このため黒い羽と灰褐色の幼羽が混じり、個体によ

りさまざまなまだら模様に見える。嘴は基部の瘤が未発達で、橙黄色は初期には鈍くて灰色味または緑色味を帯びる。幼羽の残る腹部は淡色の地に細かい斑点が並ぶ。このため水面上での羽ばたき時や、仰向けになっての羽繕い時に、腹部が淡色に見える点が成鳥との良い区別点になる。

■♀　全身黒褐色で頬から喉が灰白色。冬季は同時期の♀1年目冬に比べて全体に褐色が濃く、羽色が一様で整った印象を受ける。腹部も概ね一様に暗色に見える。嘴は黒いが、不規則な黄色部が見られる個体や、時に基部の大半が鮮やかな黄色を呈するものもいるため、♂1年目冬との区別は羽色と併せて総合的な判断が必要。この際に周囲の♂の求愛行動も手掛かりになることがある。全体の色の大まかなパターンが似る種にアカハシハジロ♀がいるが、本種ほど羽色が黒っぽくなく、幅広い灰白色の翼帯があることが決定的な違い。嘴はやや長く華奢に見え、横から見ると嘴爪は小さいが本種よりカーブが急に見える。生息環境からもある程度見当をつけることができる。

■♀1年目冬　♀成鳥に似るが、全体に褐色の色合いが鈍くて淡く、摩耗・褪色した幼羽と換羽済みの新羽が混在し薄汚れた印象に見えることが多い。換羽が進むと水面上では♀成鳥との区別が難しくなるが、幼羽の残る淡色の腹部が見えるとよい区別点になる。

■幼羽　♀に似るが腹部が淡色で細かい斑が並ぶ。

■参考種　ニシクロガモ *Melanitta nigra* Common Scoter

　かつてはクロガモの亜種とされていたが、近年は別種とされることが多い。♂の嘴の形状がクロガモと異なり、黄色部が限定的。鼻孔の位置はクロガモより基部寄り。ロシアのオレニョク川からヨーロッパにかけて繁殖。日本国内で記録される可能性もある。

他種よりp10がやや短い

初列風切内弁は灰色でやや目立つ

腹は淡色

♂

♂1年目冬 1st win.

腹は暗色

♀

腹は淡色

♀1年目冬 1st win.

クロガモ

♂ 全身黒色で嘴基部の黄色がよく目立つ。2014年2月21日 千葉県銚子市

求愛ディスプレイ ♂2羽（左）と♀（右） ピィーという口笛のような声が特徴的。2013年2月25日 千葉県長生郡

♂ 翼上面は初列風切内弁が灰色。次列風切は黒い。2014年2月17日 千葉県長生郡

♂1年目冬 1st win. かなり換羽の進んだ個体だが、喉や上背、胸などに淡褐色の羽が残っている。嘴の瘤も未発達。2014年2月25日 千葉県長生郡

♂1年目冬 1st win. 嘴基部が黄色いが、♂成鳥ほど瘤状に盛り上がらない。摩耗・褪色した淡褐色の幼羽が多く残り、継ぎはぎ状に見え、頬は♀のように灰白色。2013年12月23日 千葉県千葉市

クロガモ

♂1年目冬1st win. 羽ばたき時に頭を下げるのもクロガモの特徴の一つ。淡色の腹部が幼鳥の目印。2013年12月23日 千葉県千葉市

♀ 全身黒褐色で頬〜喉・前頸だけ灰白色。嘴は黒い。2014年2月21日 千葉県銚子市

♀ 嘴基部の黄色い個体。♂1年目冬と誤認されやすいが、羽色はより全体に一様な黒褐色で整った印象に見え、腹部も暗色。2014年2月17日 千葉県長生郡

♀1年目冬1st win. ♂1年目冬と同様に腹は白っぽい。2013年12月23日 千葉県千葉市

♀1年目冬1st win. 大部分は摩耗・褪色した淡褐色の幼羽。嘴は黒い。2014年2月25日 千葉県長生郡

# コオリガモ

*Clangula hyemalis*
Long-tailed Duck

■**大きさ**　全長♂51cm〜60cm。♀37cm〜47cm。翼開長　65cm〜82cm。
■**特徴**　短い嘴と額の高い丸い頭を持つ潜水採餌ガモ類。夏季を除いて体羽は概して白っぽいが、これに対して翼は白斑や翼帯がなくて一様に暗色。このような配色の種は他にいない。換羽様式は非常に複雑で、成鳥には3つまたは4つの羽衣が認められるとされる。♂成鳥について一般的には夏羽と冬羽がよく知られているが、文献によってはこれに加えて7〜9月頃のエクリプスと、9〜11月頃の秋羽（autumn plumage）の記載がある（それぞれの名称・表現は文献により多少異なる）。冬季も♂成鳥以外は個体差と換羽の進行度合いが相まって羽色が非常に変化に富んでいる。■**分布・生息環境・習性**　おもに北海道と東北地方北部の海上・海岸・漁港などで越冬する。その他の地域でも少数が散発的に観察されることがあり、本州各地や九州でも記録がある。時には沿岸〜内陸の池沼や河川で観察されることもある。翼を半開して潜水し、軟体動物や甲殻類などを捕食。漁港で廃棄された魚のアラを食べることもある。♂は♀に対して、尾羽を上げる、首を伸ばして頭を後方に倒す、などの求愛ディスプレイを行う。■**鳴き声**　♂は人の声に近い音質で、アオ、アオアオナと聞かれる尻上がりの特徴的な声でよく鳴く。♀はオワッ、オワッと短く鳴く。

■**♂冬（11〜4月）**　日本を含む越冬地でおもに見られる羽衣。中央尾羽が非常に長く、白、灰色、黒を基調とした羽色。ピンクと黒の嘴、耳羽の大きな黒斑、先端が尖って大きく垂れ下がる淡青灰色の肩羽などが特徴的で、他に見間違うような種はいない。
■**♂夏（4〜6月）**　頭から胸まで頬かむりをしたように黒褐色。肩羽は羽縁が狐色で先が尖っており、黒い軸斑がある。日本国内でも4〜5月頃に観察される。
■**♂エクリプス（7〜9月）**　♂夏に似るが、肩羽がより短くて先の尖らない、地味な褐色の羽に換羽する。また喉や頭に淡色部が出現する・脇が褐色味を帯びる・嘴のパターンが不明瞭になるなどの傾向もある。この時期には翼と尾羽も換羽するため、本種の♂の特徴である長い中央尾羽が脱落していることが多い。
■**♂秋（9〜11月）**　♂冬に似るが、眼の周囲の灰褐色部を欠き、耳羽の黒斑も不明瞭で灰色の斑が混じるため、頭部が著しく白っぽく見える。
■**♂1年目冬**　♂冬に似るが中央尾羽が短く、胸〜腹等に幼羽を残していて胸の黒帯も不完全なことが多く、換羽の進行度合いによってさまざまな羽色の個体が見られる。眼の周囲の灰褐色部が同時期の♂冬より不完全なために、♂秋に似た白っぽい顔の個体もよく見られる。換羽した肩羽が一様な淡青灰色で長く尖ることや、嘴にピンク色が見られることなどが♀1年目冬と異なるが、早期にはこれらの特徴も不完全でわかりにくいことがあるので、体の大きさ

（カモ類は一般に♂のほうが大きい）なども参考にしながら総合的に判断する。

■♀冬　中央尾羽は短く、胸から体上面は褐色がかる。大きさや形が近いシノリガモ♀とは、耳羽に白斑ではなく黒斑があること、脇が白いこと、肩羽が一様な暗色ではなく羽縁と軸斑のコントラストが目立つことなどから区別は容易。頭は白く、頭頂周辺と耳羽に黒褐色部があるが、その量は個体差が極めて大きい。嘴は灰色～灰黒色でピンク色の斑はないものが多いが、不明瞭ながらピンク色が出る個体もいるので、♂1年目冬とは他の特徴も併せて総合的に判断する。肩羽は羽縁が赤褐色～灰褐色で軸斑が黒い。三列風切や雨覆にも赤褐色～灰褐色の羽縁が目立ち、1年目冬ほど一様な黒褐色に見えない。

■♀1年目冬　♀冬に似るが、肩羽の羽縁は灰色味が強く、胸部も灰色～灰褐色で褐色味が乏しい。三列風切～雨覆も♀冬ほど羽縁が目立たず比較的一様な暗色。このため♀冬に比べて全体に褐色味に乏しいモノトーンの印象を受ける。頭の白色部と黒色部の量は♀冬と同様に個体差が大きい。♂1年目冬とは、肩羽が一様な淡青灰色ではなく太い軸斑が目立ち、先端が極端には長く尖らないこと、嘴にピンク色の斑がないこと、体格が小さめであることなどを総合して判断する。

■幼羽　全体に灰褐色で、顔も白色部が少ない。脇も灰褐色で、腹部は汚白色で細かい斑が並ぶ。越冬期にはすでにかなり換羽が進んでいることが多いが、発育の遅い個体が冬～春までほぼ幼羽に近い状態を保持していることもある。

翼上面は一様に暗色

♂冬 win.

中央尾羽は長い

一様に暗色だが褐色の羽縁がやや目立つ傾向

翼上面は一様に暗色

中央尾羽は短い

♀冬 win.

♂1年目冬 1st win.

♂冬 win. ピンク色の斑がある嘴、耳羽の大きな黒斑、細く尖って垂れ下がる肩羽、著しく長い中央尾羽が特徴的。2007年2月1日 北海道浜中町 渡辺義昭

コオリガモ

♂秋→冬 aut.-win. 東京湾のスズガモ群中にいた個体。ほぼ冬羽に近いが、顔が白くなる秋羽の特徴が残っている。2013年11月5日 千葉県浦安市

♂1年目冬 1st win. 中央尾羽は短く、頭や首、肩羽などに褐色部が残っている。2005年1月12日 北海道稚内市 渡辺義昭

♀冬 win. 体上面から胸が褐色で、翼にも褐色の羽縁が目立ち、一様な暗色ではない。脇は白い。2004年2月29日 北海道稚内市 渡辺義昭

♀1年目冬 1st win. 肩羽の羽縁は灰色で、翼は羽縁が目立たず一様な黒褐色。胸も褐色味が乏しい。このため♀冬に比べて全体にモノトーンの印象に見える。2004年2月29日 北海道稚内市 渡辺義昭

# ヒメハジロ

*Bucephala albeola*
Bufflehead

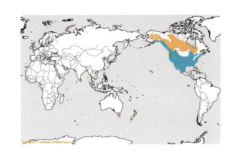

■**大きさ** 全長33cm～40cm。翼開長53cm～61cm。 ■**特徴** おおよそコガモ大。潜水採餌ガモの中では格段に小さく、嘴が小さくて頭が丸く盛り上がり、全体に寸詰まりの特徴的な体型。♀と幼鳥は次列風切が5枚ほど白いが、大雨覆に関しては一様に黒いものから太い白斑が並ぶものまで個体差がかなり大きく、年齢・性別の識別にそれほど有効な特徴ではない。虹彩も幼羽から成鳥まで暗色で、特に♀の年齢識別はかなり難しい。 ■**分布・生息環境・習性** 北米に広く分布し、日本には稀な冬鳥として渡来。北海道と本州の内湾、河口、湖沼などで記録がある。翼を開かずに潜水し、軟体動物、甲殻類、水棲昆虫などを捕る。 ■**鳴き声** グルル、グワッなどと聞こえる声で鳴く。

■**♂生殖羽** 丸く盛り上がった頭部は眼の後から後頭部にかけて扇形に幅広く白い。その周囲の暗色部は遠目には黒く見えることも多いが、光線状態がよいと金緑色や紫の複雑な光沢を放ち非常に美しい。このように極めて特徴的な外観のため、他種との区別は容易。翼上面は雨覆から次列風切にかけて広範囲が広く、ホオジロガモのパターンに似ている。

■**♂エクリプス** 頭部は光沢を欠き、後頭部が黒く、胸側や脇が灰色になるため、♀に似た羽色になる。雨覆が♂生殖羽と同様に白いことで♀や♂1年目と区別する。

■**♂1年目冬** 越冬後期には♂生殖羽の特徴が徐々に現れ、♀との区別が容易になる。頬の白斑の上の暗色部に白髪のような羽が出現し、これが徐々に広がって♂生殖羽のパターンに近づいていく。ただし2～3月頃になってもほとんど生殖羽の特徴が現れない個体もいるので♀との混同に注意が必要。♂エクリプスとは中・小雨覆が白くないことで区別できる。

■**♂1年目冬（早期）** ♂幼鳥は生まれた年の秋から冬のかなり長期間に渡って♀に酷似するので注意が必要。生殖羽の特徴が現れる前の段階では、♀に比べて体が一回り大きめで、嘴が青灰色でやや大きく見えること、頬の白斑が大きめであること、黒っぽい頭部に対して胸～胸側の白っぽさのコントラストがより目立つことなどを総合して判断する。

■**♀** 頭部は黒褐色で頬に白い斑がある。翼の白色部は次列風切と大雨覆に限られる。♂1年目冬とは体が小さめで、嘴が黒っぽく小さめであること、頬の白斑が小さめの傾向、頭部と胸部の色の差が極端でない傾向などを総合して区別する。特に紛らわしい種はいないが、ホオジロガモ♂1年目は顔に白斑がないか、あっても眼先の下にあること、ビロードキンクロ♀、シノリガモ♀は白斑が複数あること、及び体の大きさや体型等から容易に区別できる。

■**幼羽** 8月頃の幼羽は、♀成鳥に似るが頬の白斑の輪郭が不明瞭で、特にこの白斑の下側部分の黒味が弱く淡褐色。脇羽はやや褐色味が強く先が尖る。ただし夏季に摩耗・褪色した♀成鳥も羽色が比較的似る可

能性があるので注意が必要と思われる。ホオジロガモでは見られる明らかな虹彩の年齢変化等がないことから、♀幼羽が秋〜冬に換羽が進むと♀成鳥との区別が難しくなると思われるが、脇や尾羽などに摩耗・褪色した幼羽が残っていないか注意することで、場合によっては区別できる可能性もある。

♂生殖羽 br.　青灰色の短い嘴と、白と黒の明快な配色の丸い頭が特徴的。観察条件がよいと顔に虹色の光沢が見られる。2015年1月16日 アメリカ・ハンティントンビーチ

♂生殖羽 br.　雨覆から次列風切の大部分が白く、翼上面のパターンはホオジロガモに似る。2015年1月16日 アメリカ・ハンティントンビーチ

ヒメハジロ

♂1年目冬 1st win. 嘴が♀より大きめで青灰色、胸部から脇が白っぽく、頭部とのコントラストが目立つ。頭部に♂の特徴の白髪のような羽毛が出始めている。2015年1月19日 アメリカ・ロサンゼルス

♀（年齢不明・後方）と♂1年目冬1st win.（手前） ♂は♀より一回り大きい。嘴も大きめで青灰色。顔の黒味とのコントラストが目立つ。2015年1月15日 アメリカ・ロサンゼルス

♂1年目冬 1st win. この個体の大雨覆は白色部が大きいが、個体差が大きく、白色部が小さいものやないものもいる。2015年1月15日 アメリカ・ロサンゼルス

♀冬 win. ♂1年目冬に比べて小柄で、嘴は小さく黒っぽく、頭部とのコントラストが弱い。2015年1月16日 アメリカ・ハンティントンビーチ

# ホオジロガモ

*Bucephala clangula*
Common Goldeneye

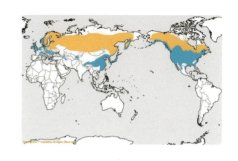

■**大きさ** 全長40cm～48cm。翼開長62cm～77cm。■**特徴** 頭頂部が高い三角形の頭部が特徴的。ただし特に潜水の前後などに、頭部の羽毛の状態により大きく形が変わり、キタホオジロガモに似た形に見えることもあるので注意が必要。また特に幼鳥で嘴が全体的に橙色を帯びた個体も見られるので、キタホオジロガモとの識別は他の特徴も総合して判断する。■**分布・生息環境・習性** 北海道から九州の内湾、湖沼、河川などの開けた水面に冬鳥として渡来する。翼を開かずに潜水し、軟体動物、甲殻類、小魚、水棲昆虫などを捕る。止水域だけでなく、河川の中・上流部の流れの速い場所でも盛んに採餌する。冬季から春先にかけて、♂が♀の周りに集まり、頭を大きく後ろに倒して後頭部を自らの背中にべったりとつけるヘッドスローディスプレーと呼ばれる特徴的な求愛行動をよく行う。この動作は1年目の若い♂も行うことがある。この動作の後、胸部を水面下に深く没しつつ首を反り返して空を仰ぎ、同時に足で水面を蹴って水しぶきを上げながら一声鳴く動作が続くこともある。また♀も♂のディスプレイに呼応するように首を前方に伸ばしながら嘴を上に向ける動作を行うことがある。繁殖地では水辺に近い森林の樹洞や巣箱などを利用して営巣する。■**鳴き声** ディスプレイ時の♂の声は「ギュッ ギー」。飛翔時には低い声で「ゴェ、ゴェ」などと鳴き、「フフフフ・・・」「キュキュキュ・・・」などと聞こえる特徴的な羽音を発する。

■**亜種** ユーラシア大陸で広く繁殖する亜種*clangula*と、北米大陸で広く繁殖する亜種*americana*の2亜種が知られる。日本に渡来するのは亜種*clangula*で、分布からは亜種*americana*が少数渡来する可能性も考えられる。亜種*americana*はやや大型で嘴が大きいが、亜種*clangula*の中でも東部のものほど大型といわれるため、特に日本での亜種*americana*の野外識別は困難である可能性が高いと思われる。

■**♂生殖羽** 頭部は緑色光沢だが、逆光時は紫光沢。眼先下の大きな白斑はキタホオジロガモと異なり楕円形で、その上端は眼より高い位置に出ない。体上面や翼は、キタホオジロガモに比べて白色部が多く、黒色部は少ない。特に肩羽は白地に細い黒線が並び、黒地に白斑が並ぶキタホオジロガモと明らかに異なる。翼は雨覆から次列風切にかけて広範囲が白く、その中にキタホオジロガモのような黒線が出ない。

■**♂エクリプス** 頭が褐色で♀や♂1年目冬に似るが、♂生殖羽同様に雨覆～次列風切が白く、その中に黒線等がない。嘴は黒く、胸側に輪郭の不明瞭な帯状の白色部がある。

■**♂1年目冬** 一見♀に似るが一回り大柄。嘴も大きめで、黒一色の個体が多いが、時に嘴全体が黄色っぽい個体もいるので、キタホオジロガモ♀との識別は他の特徴も含め総合的に判断する。秋～冬に幼羽

から♀に似た地味な第1回非生殖羽に換羽し、その後に引き続いて生殖羽の特徴が徐々に現れる。この過程で胸部や胸側に白色部が徐々に増え、黒味の強い頭部とのコントラストが♀より目立つ。♂生殖羽の特徴の眼先下の白斑はないか、またはあっても形成途上のために、形がキタホオジロガモに似て見える場合があるが、上端が目より高い位置には出ない。翼は♂成鳥と異なり、白色部が黒っぽい線で2～3段に区切られているように見えるが、小雨覆の白色部は灰色部が混じり♀成鳥ほど純白でない。

■♀冬　頭部は黒褐色で黒い嘴の先端付近に黄色～橙色の斑がある。虹彩は白色から黄色まで個体差がある。翼は雨覆～次列風切の白色部が黒線で3段に区切られる。小雨覆の白色部もほぼ純白な点が1年目冬と異なる。

■♀夏　夏季は嘴が黒一色になるので、幼鳥との区別は雨覆、虹彩など他の特徴を確認する必要がある。

■♀1年目冬　♀冬に似るが、嘴は黒くて虹彩は褐色がかり、♂♀と成鳥・幼鳥の混じる群れの中では小柄で全体に薄汚れたような印象を受ける。またしばしば嘴全体がさまざまな程度に橙色がかる個体がいるため、キタホオジロガモとの識別は他の特徴を総合して判断する。小雨覆は暗色の斑があり♀成鳥ほど純白に見えない。また大雨覆先端の黒色部はないか小さいため、♀成鳥ほど白色部が明確に3段に分かれたパターンに見えない。幼羽とは羽色の顕著な差がなく一見違いがわかりにくいが、肩羽や脇は淡色の羽縁がやや目立ち、冬季でも個体によっては脇などに摩耗・褪色して褐色味を帯びた幼羽が残っていることで、すでに他の多くの羽が換羽済みであることがわかる場合がある。

■幼羽　嘴が黒く虹彩は鈍い褐色。胸から脇、肩羽などは羽縁が狭く一様な灰色に見え、全体にメリハリがなく非常に地味な印象に見える。

♂生殖羽 br.　雨覆から次列風切まで続く大きな白色部

♂エクリプス ec.　♂生殖羽と同様のパターン

♂1年目冬 1st win.　白色部は2～3段に区切られ小雨覆は純白でない

♀冬 win.　明瞭に3段に区切られる白色部

♀1年目冬 1st win.　白色部は2～3段に区切られ小雨覆は純白でない

♂生殖羽 br. おむすび型の黒い頭部と眼先下の大きな白斑が特徴。虹彩は黄色。2015年2月2日 千葉県浦安市

♂生殖羽 br.(左)、♂1年目冬 1st win.(右) 頭部を大きく後ろへ倒すヘッドスローディスプレー。このように若い個体も行うことがある。2014年12月30日 東京都羽村市

♂1年目冬 1st win. 外側尾羽は先端にV字型の切れ込みのある幼羽。換羽の進行の個体差は大きく、冬季にすべて幼羽のものから、すべて換羽済みの個体までさまざま。2014年12月30日 東京都羽村市

♂1年目冬 1st win. ♀より胸部が白く、個体によりさまざまなまだら模様に見え、黒味のある頭部とのコントラストが強い。この個体は腹部の広範囲に茶色い幼羽が残っているが、換羽して残っていない個体も多い。2013年12月30日 千葉県浦安市

♂1年目冬 1st win. 眼先下の白斑が現れ始めている。嘴は♀より大きくがっしりして見えることが多い。2015年2月2日 千葉県浦安市

ホオジロガモ

♀冬 win. 頭部は黒褐色で胸は灰色。嘴の先端に橙色の斑がある。虹彩は白色〜黄色。2014年12月22日 千葉県浦安市

♀1年目冬 1st win. 嘴のパターンは不明瞭。虹彩は鈍い黄褐色。小雨覆は灰色。2014年12月22日 千葉県浦安市

♀1年目冬 1st win. 脇全体に幼羽が残る個体。胸側が灰色味の強い新羽に換羽している。2014年12月30日 東京都羽村市

♀冬 win.（左）、♀1年目冬 1st win.（右）　1年目冬は大雨覆先端の黒線は途切れ気味で、ない個体もいる。小雨覆は純白でなく、暗色斑が入り灰色がかる。このため翼全体を一見すると、♀成鳥のほうが白色部が綺麗に3段に分かれた印象に見える。2014年12月30日 東京都羽村市

群れ　嘴のパターンと虹彩の色に注意。左最奥の♂1年目冬が周囲の♀に比べて明らかに大きく、胸部の白さが目立つ。2014年12月30日 東京都羽村市

# キタホオジロガモ

*Bucephala islandica*
Barrow's Goldeneye

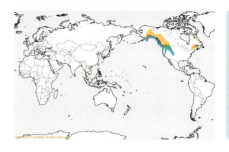

■**大きさ**　全長42cm〜53cm。翼開長67cm〜82cm。■**特徴**　ホオジロガモに似るが、平均していくらか大きめ。前頭部が丸く盛り上がる頭の形が特徴的で、後頭部の羽毛はホオジロガモより長く後ろへ張り出す傾向が強い。このため頭が前後に長く、かつ重心が前に偏ったような独特の印象を受ける。ただし頭の形はその時どきの羽毛の状態により変化しやすいので注意が必要。嘴は太短く、前後に長い頭部の形状との対比でより短く見える。■**分布・生息環境・習性**　北米及びグリーンランド、アイスランドで繁殖。日本では北海道での散発的な観察情報がある。アラスカ南部にも生息するため、今後も国内で観察される可能性がある。湖沼、河川、内湾、海岸などに生息。基本的な習性はホオジロガモに似るが、冬季も比較的繁殖地に近い地域に留まる傾向がある。■**鳴き声**　♂はゴーギー、♀はウェーなどと鳴く。飛翔時にキュキュキュという羽音を立てる。

■**♂生殖羽**　眼先下の白斑は、ホオジロガモの楕円形に対して半月型もしくは三角形に近く、その上端は眼の位置より高い。頭部は青紫光沢があるが、順光時には緑色光沢が見られ、顔全体が明瞭に青緑光沢を呈することもある。肩羽はホオジロガモより黒色部が多く、白地に黒線ではなく、黒地に長方形〜米粒型の白斑が並んでいるように見える。翼の白色部もホオジロガモと異なり、大雨覆の明瞭な黒帯により二分されている。

■**♂エクリプス**　♀に似るが大柄で、頭部や体上面の黒味が強い。翼のパターンは♂生殖羽と同様。

■**♂1年目冬**　♀に似るが大柄で、胸部が白っぽく、暗色の頭部との対比がより目立つ。中雨覆は♂エクリプスの白に対して灰白色のマダラに見え、同年齢のホオジロガモよりさらに暗色傾向が強い。換羽が進むと眼先下の白斑など、♂生殖羽の特徴が徐々に現れ、また肩羽に生殖羽が出ている場合はその模様もホオジロガモとの区別に役立つが、同年齢のホオジロガモも特徴の現れ方が不完全で不規則なため、特に悪条件下での識別には慎重さを要する。

■**♀冬**　日本に渡来する可能性の高いアラスカからカリフォルニアで繁殖するものは、嘴が全体的に橙黄色で、北米東部のものはホオジロガモに似たパターン。ただしいずれも夏季は全体に黒くなる。またホオジロガモでも嘴全体が橙色がかる個体がいるため、嘴や頭部の形なども含めた総合的な判断が必要。大雨覆基部の黒色部がホオジロガモより広く、中雨覆の輪郭を際立たせるため、中雨覆付近はホオジロガモより複雑な二重黒線のパターンに見えることが多い。小雨覆の白色部はホオジロガモより狭い傾向だが、ホオジロガモ幼鳥も成鳥より白色部が弱いので、年齢等も考慮して判断する。

■**♀1年目冬**　♀成鳥に似るが虹彩が褐色がかる。雨覆の白色部はホオジロガモよりさらに狭く不明瞭。嘴は黒色から橙色に変

キタホオジロガモ

化するが、基部に不明瞭な黒味が残ることが多い。このパターンはホオジロガモでも似たものがいるので、他の特徴を総合して判断する。

■**幼羽** ホオジロガモに酷似するため、他の羽衣と同様に、頭の形や嘴の長さなどを総合して判断する。雨覆はホオジロガモより暗色傾向が強い。

黒線で2分される大きな白色部

♂生殖羽と同様のパターン

中・小雨覆の淡色部はホオジロガモ1年目以上に弱く目立たない

♂生殖羽 br.　　♂エクリプス ec.　　♂1年目冬 1st win.

ホオジロガモ ♀冬 win.　　キタホオジロガモ ♀冬 win.

中雨覆付近は二重黒線に見えることが多い

中・小雨覆の淡色部はホオジロガモ1年目以上に弱く目立たない

♀冬 win.　　♀1年目冬 1st win.

♂**生殖羽 br.（後）、♀冬 win.（手前）** 前頭部が丸く盛り上がる頭の形が特徴的。眼先の白斑は上端が尖り、眼より上に突出している。2013年2月18日 カナダ・バンクーバー 米持千里

♂**生殖羽 br.** 2013年2月18日 カナダ・バンクーバー 米持千里

♀**冬 win.** 後頭部の羽毛が長い。2007年12月23日 カナダ・バンクーバー 米持千里

# ミコアイサ

*Mergellus albellus*
Smew

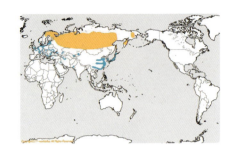

■**大きさ** 全長38cm～44cm。翼開長56cm～69cm。■**特徴** カワアイサやウミアイサより小型で全体に短い体型。嘴は短く灰色。中・小雨覆の白色部が大きな楕円形のパッチを形成し、飛翔時に目立つ。■**分布・生息環境・習性** ユーラシア大陸北部で広く繁殖し、日本には冬鳥として湖沼、河川、堀など、主に淡水域に冬鳥として渡来する他、北海道北部で少数が繁殖。翼を開かずに潜水して魚類や甲殻類、水棲昆虫などを捕るが、植物質のものも摂ることがあり、時には人が与えるパンに餌付くこともある。♂は額の羽毛を逆立てて、頭を後ろに引く、水面上で体を立てて伸び上がる、といった求愛ディスプレーを行う。■**鳴き声** ♂はゴルルル、♀はクワッなどと鳴く。

■**♂生殖羽** ほぼ全身白色で眼の周囲と上背などが黒く、パンダに例えられる独特の配色で、他に見間違うような種はいない。額から後頭部にかけて房状の冠羽がある。内側大雨覆数枚は白く、これにより三列風切と雨覆の白色部が太く繋がる。

■**♂エクリプス** 頭部は赤褐色で頬から前頸が白く、♀に酷似する。♀より一回り大柄で幾分長い体型に見えること、上背が黒いこと、三列風切が肩羽より淡い青灰色であること、雨覆のパターンが♂生殖羽と同様であることに注意して区別する。

■**♂1年目冬** 早期は♀1年目冬に酷似するがやや大柄で、嘴や顔も長い印象に見える傾向がある。頭部、胸側、肩羽などに♂の特徴の白い羽が出ていないか注意するとよい。♀成鳥とは、雨覆の白いパッチに褐色の羽縁があり汚れて見えること、大雨覆の白色部が狭いために、三列風切と雨覆の白色部が途切れ気味に見えることなどに注意する。

■**♀冬** ♂より一回り小柄で、嘴や顔も含め全体に短い印象。体は灰褐色で、赤褐色の頭部と白い頬が目立ち、眼先が黒い。

■**♀夏** 眼先の黒色部を欠き、幼鳥に酷似する。雨覆のパッチが褐色の羽縁を欠き、純白であることに注意する。

■**♀1年目冬** ♀成鳥に似るが、冬季にも眼先の黒色部を欠き、雨覆のパッチは褐色の羽縁があり純白に見えない。また内側大雨覆の白色部が狭いかないため、三列風切と雨覆の白色部は途中で途切れているように見える。

ミコアイサ

♂生殖羽 br. 輝くように白い羽色は遠くからも一際目立つ。2009年2月8日 東京都千代田区

♂エクリプス→生殖羽 ec.-br. 肩羽の下にのぞいている中・小雨覆は純白。2009年12月13日 東京都千代田区

♂1年目冬 1st win. 中・小雨覆は幼羽で、褐色の羽縁があり純白ではない。ただし個体差もあり一見かなり白く見えることもあるので、さまざまな条件で確認したほうがより確実。頭部、肩羽、胸側に白い生殖羽が出ている。2009年1月11日 東京都千代田区

♂1年目冬 1st win. 早期は一見♀のように見えるが、やや体格が大柄で、この個体のように頭部、耳羽、胸側などに白い羽が出ていると♂の目安になる。2010年1月9日 東京都千代田区

ミコアイサ

♂エクリプス ec. ♀より一回り大柄でやや長い体型に見える。上背が黒く、三列風切は♀より淡い灰色で、肩羽との明暗差が目立つ。中・小雨覆は純白。2009年10月1日 東京都三鷹市（飼育個体）

♀夏 sum. 夏季の♀成鳥は眼先が黒くなく、一見♀幼鳥に似る。三列風切は♂エクリプスと異なり暗い灰色で、肩羽との明暗差がない。2009年8月18日 東京都三鷹市（飼育個体）

♂1年目冬 1st win.（後）と♀冬 win.（手前） ♀は一回り小柄でコンパクトな体型。冬季は眼先が黒い。2009年2月8日 東京都千代田区

♀冬 win. 中・小雨覆は純白。大雨覆の内側数枚も幼鳥より白いため、三列風切から雨覆の白色部がつながって見える。2009年1月11日 東京都千代田区

♂1年目冬 1st win. 雨覆の白色部はやや薄汚れて、大雨覆付近で途切れ気味の印象。2010年1月9日 東京都千代田区

# オウギアイサ

*Lophodytes cucullatus*
Hooded merganser

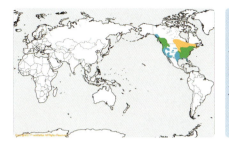

■**大きさ** 全長42cm〜50cm。翼開長56cm〜70cm。■**特徴** カワアイサやウミアイサより小型で全体に短い体型。♂♀とも後頭部が扇型に開く冠羽があり特徴的。■**分布・生息環境・習性** 北米の湖沼や河川に生息。国内では1997年1〜5月に北海道ウトナイ湖で♂1羽の記録がある。■**鳴き声** 鼻にかかったような声でゴーゴー、ガッなどと鳴く。

■**♂生殖羽** 黒い頭部に白く大きな扇型の冠羽がある。脇は赤褐色で波状斑があり、虹彩は黄色。独特の形と配色で、他に混同されるような種はいない。

■**♂エクリプス** 全身暗褐色で♀に似るが、♂生殖羽と同様に虹彩は黄色で嘴は黒く、中・小雨覆は淡い灰色。後頭部が角張る程度で冠羽は目立たない。

■**♂1年目冬** ♀に似るが嘴が黒っぽく、黄色っぽい虹彩や、頭部の黒色部や白色部といった♂の特徴が徐々に現れる。中・小雨覆は♂生殖羽より暗色。

■**♀冬** 冠羽は赤褐色で、嘴基部は黄色。虹彩は褐色。ウミアイサ、カワアイサ♀とは、嘴と足が赤くないこと、頬が灰色っぽいこと、大きさとプロポーションなどから区別は容易。ミコアイサ♀とは、嘴がやや細長いこと、頭部のパターンが異なること、三列風切の軸斑が白いことなどから容易に区別できる。

■**幼羽** ♀生殖羽に似るが明確な冠羽がなく、喉と腹が白っぽい以外全身暗褐色。地味だが他に似た種はいない。

オウギアイサ

♂生殖羽br. 扇状に開く冠羽が最大の特徴。2015年1月15日 アメリカ・ロサンゼルス

♂生殖羽br. 頭の羽毛を寝かせると白色部の形状が大きく変化する。2015年1月15日 アメリカ・ロサンゼルス

♂生殖羽br. 中・小雨覆は明るい青灰色。2015年1月15日 アメリカ・ロサンゼルス

♀冬win. 嘴基部が黄色く、虹彩は赤褐色。2015年1月15日 アメリカ・ロサンゼルス

♀冬win. 中・小雨覆は♂より暗い灰褐色。2015年1月15日 アメリカ・ロサンゼルス

# カワアイサ

*Mergus merganser*
Common Merganser/Goosander

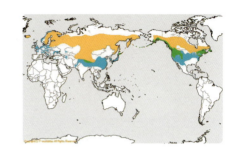

■**大きさ**　全長58cm～68cm。翼開長78cm～94cm。■**特徴**　全体に長い体つきで、日本で見られるカモ類中最大。ウミアイサより一回り大きくてがっしりした印象。嘴は細長くて先端が鉤状に曲がり、この嘴爪部分の垂れ下がりはウミアイサ、コウライアイサより大きく目立つ傾向がある。鼻孔は嘴のほぼ中央に位置する。体下面は淡いピンクもしくは橙色を帯びる。■**分布・生息環境・習性**　ユーラシアと北米に広く分布し、日本では北海道から九州の湖沼や河川に冬鳥として渡来する。河口や内湾でウミアイサと共に見られることもある。一部は北海道で繁殖する。潜水して魚類をはじめとする水生生物を捕る。頭の前半分を水中に没して餌を探す動作がよく見られる。都市部よりも自然度が高く魚の豊富な水辺に多く、警戒心が強い傾向があるが、場所によっては人の与えるパンに餌付くこともある。■**鳴き声**　ゴォ、ゴーゴゴゴなどと低く濁った声で鳴く。

■**亜種**　日本産鳥類目録改訂第7版には、ユーラシア大陸北部で広く繁殖する亜種カワアイサ*M.m.merganser*の他に、中央アジアで繁殖する亜種コカワアイサ*M.m.orientalis*が記載されているが、これらユーラシアの亜種については文献によって記述にばらつきがあり、また野外識別についてもあまりよく知られていない。しかし後者の越冬地であるインドで近年撮影された多くの写真からは、♂生殖羽については野外で識別可能と思える特徴がうかがえるので後述する。また北米に分布する亜種アメリカカワアイサ*M.m.americanus*が今後観察される可能性もある。

■**♂生殖羽　亜種カワアイサ***merganser*
嘴は上嘴、下嘴ともに深紅。頭は緑色光沢のある黒色で、後頭部が出っ張って見える。ウミアイサ、コウライアイサのようなボサボサした冠羽はなく、胸から脇は白く無地。この形と配色が特徴的で、特に紛らわしい種はいない。

**亜種コカワアイサ***orientalis*　近年インドで撮影された数十点の写真を検証した範囲では、亜種カワアイサによく似るものの、以下の2点の相違点が認められた。（1）嘴は上嘴のみが赤く、下嘴は黒い。（2）黒い肩羽の一部が非常に長く伸び、三列風切の基部か大雨覆付近を覆い隠すように大きく垂れ下がる。以上2点の他に、嘴は短めに感じられることが多く、後頭部の羽毛は上下2段に分かれ、このうち下の突出が低い位置にある傾向が感じられたが、これらについては個体や状況によって見え方が多々変化し、亜種カワアイサとの差が不明確なケースも多かった。

**亜種アメリカカワアイサ** *americanus*　大雨覆基部に明瞭な黒帯がある。亜種カワアイサにもこの黒帯は存在するが、通常は白い中雨覆に隠されてほとんど見えない。嘴は亜種カワアイサより上辺が直線的で基部が太い三角形の印象で、嘴爪は短い傾向。嘴基部側面の黒い羽毛の前方への食い込みが浅く、その結果境界線が立ちあがって見

える。赤色は明るく鮮やかな傾向。♀も嘴の形状は♂と同様の傾向があるが、識別はかなり難しい。

■♂エクリプス　一見♀に似るが、♂生殖羽同様に中・小雨覆が白色。頭部の褐色は♀より赤味が弱い傾向がある。

■♂1年目冬　頭部は褐色で一見♀に似るが、体格がやや大きく、冠羽は♀ほど目立たず、頭の形状は成鳥の♂の中間的に見える。褐色の頭部と白い胸部のコントラストが♀より強く、頭部の形状と相まって遠目や逆光時に幾分♂生殖羽を連想させる傾向が識別のよい手がかりになる。虹彩は成鳥より淡い褐色。眼先～口角にかけては幼羽の名残のストライプ状のパターンが残っていることが多い。喉や上背、肩羽などの一部が黒い羽に換羽していることもあるが、春先になってあまり広範囲に及ばないことも多いため、♀との混同には注意が必要。

■♀冬　ウミアイサ♀冬に似るが、赤褐色の頭部と白っぽい胸部の境界が明瞭な上、体上面や脇の灰色はやや明るいため、全体にすっきりした色合いに見える。虹彩は暗色で眼先は黒っぽい。脇は一部鱗状に見えることがあるが、コウライアイサのような白地に黒の細くて明瞭な鱗模様ではないため違いは明らか。

■♀夏　夏～秋に眼先が淡色になり、幼鳥との区別に注意が必要。

■幼羽　虹彩は淡色で、眼先から口角にかけてストライプ状のパターンが目立つ。これらの特徴は冬～春にかけて徐々に不明瞭になるものの、越冬期にもある程度年齢識別の手がかりになる。♀1年目冬は幼羽との大きな羽色の変化はなく、同時期の♂1年目冬とは、やや小柄で頭と胸のコントラストが弱いことなどで区別できる。

雨覆から次列風切にかけて広範囲が白い

**亜種カワアイサ**
*merganser*
♂生殖羽 br.

大雨覆基部に明瞭な黒線

**亜種アメリカカワアイサ**
*americanus*
♂生殖羽 br.

中・小雨覆は灰色

**亜種カワアイサ**
*merganser*
♀冬 win.

中・小雨覆は♂生殖羽と同様に白い

**亜種カワアイサ**
*merganser*
♂エクリプス ec.

中・小雨覆は灰色

**亜種カワアイサ**
*merganser*
♂1年目冬 1st win.

中・小雨覆は灰色

**亜種カワアイサ**
*merganser*
♀1年目冬 1st win.

カワアイサ

亜種カワアイサ *merganser*
♂生殖羽 br. 見間違うことのない特徴的な配色。胸〜脇はウミアイサやコウライアイサと異なり白く無地。後頭部の出っ張った頭の形も独特。2009年1月11日 東京都千代田区

亜種カワアイサ *merganser*
♂エクリプス ec. ♀に似るが、♂生殖羽と同様に中・小雨覆が白い。この写真では大雨覆基部に黒線が見えるが、亜種アメリカカワアイサより細く、状況により見え隠れしていた。2007年11月13日 神奈川県崎市

亜種カワアイサ *merganser*
♂1年目冬 1st win. 中・小雨覆は灰色で♀に似るが、やや大柄で冠羽が短め。頭と胸のコントラストが強く、遠目には幾分♂生殖羽を彷彿させる。虹彩は淡色で、眼先から口角にかけてストライプ状のパターンがある。2010年1月1日 神奈川県小田原市

亜種カワアイサ *merganser*
♂1年目冬 1st win.（後）、♀（手前）♂1年目冬のほうがやや大柄で頭部と胸のコントラストが強い。上の写真の♂1年目冬より撮影時期が早いこともあり、眼先から口角のストライプ状パターンがより明瞭。2014年11月24日 神奈川県小田原市

カワアイサ

**亜種カワアイサ** *merganser*
♂1年目冬1st win. ♂エクリプスと異なり雨覆は灰色 2014年11月24日 神奈川県小田原市

**亜種カワアイサ** *merganser*
♀冬win. ♀の中・小雨覆は年齢・季節を問わず灰色。冠羽が長く、冬〜春は眼先が黒い。虹彩は暗く見える。ウミアイサに比べて頭と胸部の境目が明瞭。2010年1月1日 神奈川県小田原市

**亜種カワアイサ** *merganser*
♀ 夏〜秋にかけて眼先の黒色部がなくなるので、♀1年目との区別に注意を要する。2014年11月24日 神奈川県小田原市

**亜種カワアイサ** *merganser*
♀1年目冬1st win. 虹彩が淡色で眼先にストライプ状のパターン。♂1年目冬より体格が小柄で短い印象で、頭と胸のコントラストが弱い。2010年1月1日 神奈川県小田原市

# ウミアイサ

*Mergus serrator*
Red-breasted Merganser

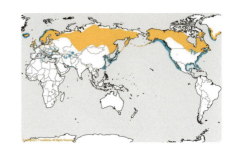

■**大きさ** 全長52cm〜58cm。翼開長67cm〜82cm。■**特徴** カワアイサより一回り小さめで華奢に見える。嘴は同属中で最も細長くて幾分上に反って見える傾向があり、鼻孔は中央より基部寄りにある。■**分布・生息環境・習性** 北半球に広く分布し、日本では北海道から九州の海上・内湾・港・河口などに冬鳥として渡来する。時に河川中流域や内陸の湖沼で、カワアイサと行動を共にすることもある。翼を開かずに潜水して魚類や甲殻類などを捕食する。冬から春先にかけて、水面上の♂は首を上前方に高く伸ばした後、前頸を水につけながら嘴を空に向けて反り返る、特徴的な求愛ディスプレーをよく行う。■**鳴き声** ゴァ、グルーなどと鳴く。

■**♂生殖羽** 頭部はカワアイサ♂と異なりボサボサした冠羽があるが、コウライアイサ♂よりは短め。虹彩と嘴は赤い。褐色で縦斑のある胸、白い斑の並ぶ胸側、波状斑に覆われる脇、赤い虹彩などの配色から他のアイサ類との区別は容易。

■**♂エクリプス** 一見♀に似るが、♂生殖羽同様に中・小雨覆が白い。換羽の遅い個体では冬半ばまで体羽の広範囲にエクリプスを残していることがある。

■**♂1年目冬** ♀に似るが、顔、肩羽、胸側、脇などに♂生殖羽の特徴がさまざまな程度に現れる。ただし眼の周囲の黒色部については♀にも見られ、この点だけで♂との判断はできないので特に注意が必要。♂エクリプスとは、中・小雨覆が白くないことで区別できる。

■**♂幼羽** 個体により冬季も遅くまで幼羽に近い羽色を保持していて、♀と混同されやすいので注意が必要。幼羽の虹彩・嘴・足は真赤ではなく、橙色または褐色味を帯び、眼先から口角にかけてストライプ状のパターンがあり、下尾筒には規則的な灰褐色斑が見られる。♂幼羽は一見♀に似るが、幾分体格が大柄で、全体に長い体型に見える傾向。♀幼羽にくらべて体全体の中で三列風切が明るい青灰色で目立ち、かつ黒い羽縁がストライプ状のパターンを形成する。ただし幼鳥の性別については観察条件等によってわかりにくい場合もあり、個体差についても今後さらに検証する必要があると思われる。

■**♀冬** カワアイサ♀に比べて褐色の頭部と灰色の胸部との境目が不明瞭で、全体にコントラストを欠き、また体上面や脇の灰色も暗色で褐色味を帯びるため、全体にやや薄汚れたような印象。虹彩は赤い。冬季から春先にかけて、眼の周囲が個体によりさまざまな程度に黒くなり、♂1年目冬と誤認されやすいので注意が必要。周囲の♂の求愛ディスプレーなども性別を知る手がかりになることがある。

■**♀夏** 眼先の黒色部を欠き、顔の模様が幼鳥に似るが虹彩は赤い。

■**♀幼羽** ♂幼羽に酷似するが、幾分小柄でコンパクトな印象に見え、三列風切は暗灰褐色で、羽縁とその内側のコントラストが弱い傾向がある。

ウミアイサ

中・小雨覆は白い
2本の黒線
♂生殖羽 br.

中・小雨覆は白い
♂エクリプス ec.

中・小雨覆は灰色
♂1年目冬 1st win.

中・小雨覆は灰色
♀冬 win.

中・小雨覆は灰色
♀1年目冬 1st win.

## 年齢識別のヒント

　本種の冬季の♀成鳥は眼の周囲が黒くなることから♂幼鳥と誤認されやすいので、年齢識別は他の特徴を総合して判断する必要がある。虹彩・嘴・足は成鳥では真紅、幼鳥では橙または褐色がかる。下尾筒は成鳥では白っぽく、幼羽では灰褐色の規則的な斑点があり鱗模様に見えることが多い。幼鳥は至近距離では尾羽の先端に幼羽の特徴のＶ字型の切れ込みが確認できることもある。ただし、幼鳥も冬～春にかけてこれらの特徴が徐々に不明確になり、判断が難しい場合もよくあるので、その点も考慮する必要がある。

♀冬 win.　2013年12月30日 千葉県浦安市

♂幼羽/1年目冬 juv./1st win.　2014年11月18日 千葉県浦安市

♂生殖羽 br. 長い冠羽と黄褐色の胸、細かい波状斑に覆われて灰色の脇など、特徴的で識別は容易。鼻孔は嘴の基部寄りにある。2015年2月2日 千葉県浦安市

ウミアイサ

♂生殖羽 br. 求愛ディスプレー 2015年2月2日 千葉県浦安市

♂生殖羽 br. 白い雨覆に黒線が2本出る。2015年2月2日 千葉県浦安市

♂エクリプス→生殖羽 ec.→br. 一見♀に似るが、このように雨覆が見えれば、その大部分が白いことで容易に区別できる。2015年11月24日 千葉県浦安市

♂エクリプス→生殖羽 ec.→br. 左より換羽の進んだ個体。♂1年目と異なり、雨覆の大部分が白い。2011年11月28日 神奈川県小田原市

♀冬 win. カワアイサ♀に比べて頭部とその他の色の差が少なく、境界も不明瞭。2013年12月30日 千葉県浦安市

♀冬 win. 冬～春先にはさまざまな程度に眼の周囲が黒い個体が見られる。2013年1月29日 千葉県浦安市

ウミアイサ

♂幼羽/1年目冬 juv./1st win.（左）、♀幼羽/1年目冬 juv./1st win.（右） ♂のほうが一回り大きく体が長い。2014年12月2日 千葉県浦安市

♂幼羽/1年目冬 juv./1st win. 三列風切が淡い青灰色と黒のストライプに見え、周囲の暗い灰色との対比が目立つ。2014年11月18日 千葉県浦安市

♀幼羽/1年目冬 juv./1st win. 三列風切は一様で暗い灰褐色。褐色に濁った虹彩は幼鳥の目印。2014年11月18日 千葉県浦安市

♀幼羽/1年目冬 juv./1st win.（左）、♂幼羽/1年目冬 juv./1st win.（右） 上の2個体とそれぞれ同一。♂のほうが全体に僅かに褐色味が弱く、すっきりした灰色に見えた。三列風切の色合いの差に注意。2014年11月18日 千葉県浦安市

# コウライアイサ

*Mergus squamatus*
Scaly-sided Merganser

■**大きさ** 全長52cm〜62cm。翼開長70cm〜86cm。■**特徴** カワアイサより一回り小さく華奢。同属中で最も長い冠羽を持ち、幼羽を除いて脇一面に白地に黒の細く明瞭な鱗模様があるのが最大の特徴。嘴はカワアイサより幾分華奢に見えるが、ウミアイサよりは短めで直線的。嘴爪の垂れ下がりはカワアイサより小さくてあまり目立たない。鼻孔の位置は嘴の中央寄りで、この点はウミアイサよりカワアイサに似ている。嘴先端が黄色〜黄白色で黒色部がないのも特徴だが、カワアイサやウミアイサでも幼鳥では似た色に見えることがある。■**分布・生息環境・習性** ロシア沿海地方から中国黒龍江省、内モンゴル北東部、北朝鮮にかけて局地的に繁殖する世界的希少種。日本国内では、稀な冬鳥として河川や湖沼、時に海岸に渡来し、北海道から沖縄まで観察例があるが、西日本での記録が多い。単独〜数羽で、カワアイサと共に河川で観察された例が多い。

■**♂生殖羽** 頭部は一見ウミアイサ♂にやや似るが、胸が白く、脇に明瞭な鱗模様があることから区別は容易。頭の黒色部はウミアイサより頸の下部まで及び、後頸から上背まで太く繋がる（ウミアイサではここが細く繋がり、カワアイサでは白色部により完全に分離している）。カワアイサ♂とも頭部の形状と脇の鱗模様から容易に区別できる。飛翔時、翼の白色部は2本の黒帯で区切られ、カワアイサよりウミアイサのパターンに似ている。

■**♂エクリプス** 頭部は褐色で一見♀に似るが、体がやや大柄で長く見える。中・小雨覆は白色で、♂生殖羽と同様のパターン。胸部は鱗模様に覆われる。

■**♂1年目冬** ♀に似るが、頭部や体上面に♂生殖羽と同様の黒や白の羽が徐々に現れる。翼のパターンは♂エクリプスと異なり、中・小雨覆は灰色。特に早期は♀に酷似していて混同されやすく、また個体によって冬遅くまで♀に似た羽色を保持することもあるので、体が大きく長め・上背や肩羽に黒っぽい羽が混じる・眼先に幼羽のストライプ状のパターンが残る・虹彩が灰褐色がかる、などの特徴に留意して総合的に判断する。

■**♀冬** ♂同様に脇の鱗模様から他種との区別は容易。カワアイサでも脇の灰褐色部がいくらか鱗状の模様に見えることがあるが、本種のように白地に黒の明瞭なものではない。喉の白色部はないか、あってもカワアイサより不明瞭。カワアイサ同様に眼先が黒く、夏季にはこれが不明瞭になる。虹彩は黒っぽく見えることが多い。体上面の灰色はウミアイサより明るくすっきりしたトーンに見え、カワアイサにより近い。中・小雨覆は灰色だが、ウミアイサやカワアイサに比べてトーンが明るい傾向があり、距離が遠かったり光線が強かったりすると、一見むしろ♂のパターンに似て見えることもあるので注意が必要。

■**幼羽** ウミアイサやカワアイサの幼羽と同様に眼先にストライプ状のパターンが見

られ、虹彩は灰色〜褐色。完全な幼羽では本種特有の脇の鱗模様がないため、カワアイサやウミアイサとの区別には細心の注意が必要だが、日本に渡来する時期には多くの場合ある程度換羽が進行し、鱗模様が出現していると推測される。カワアイサに比べて小柄で華奢に見え、頭の褐色部は赤味が弱く、黄褐色または灰褐色味を帯び、胸部との境はやや不明瞭。ウミアイサとは鼻孔の位置が異なり、カワアイサ同様に嘴の中央寄りに位置する。

♂生殖羽 br. 2011年11月28日 神奈川県足柄上郡

コウライアイサ

♂生殖羽 br. 脇羽の鱗模様が最大の特徴。冠羽は同属中で最も長い。2011年11月28日 神奈川県足柄上郡

♂生殖羽 br. 2本の黒線が出る翼上面のパターンはカワアイサよりウミアイサに似ている。 2011年11月28日 神奈川県足柄上郡

♂生殖羽 br. 右はカワアイサ♂生殖羽。カワアイサにくらべて一回り細身で、嘴爪の垂れ下がりがほとんど目立たず、また嘴先端部は黄色いことがわかる。頭の黒色部が後頸で途切れるカワアイサに対して、本種では上背まで太く繋がっている。2011年11月28日 神奈川県足柄上郡

コウライアイサ

♂1年目冬 1st win. ♀に似るが、肩羽に黒っぽい羽が見える。眼先は幼羽時に見られるストライプ状のパターンの名残がうかがえる。この個体は後の情報では春先にかけて肩羽の黒色部が広がり、また翌冬に前頁の♂生殖羽が同県内で観察されており、同一個体の可能性が十分にある。2010年12月4日 神奈川県厚木市

♂1年目冬 1st win. 右はカワアイサ♂1年目冬。カワアイサより小柄で細身。嘴も細めで橙色味が強い。頭の色はやや淡い。2010年12月4日 神奈川県海老名市

♂1年目冬 1st win. ♂成鳥と異なり小・中雨覆は灰色。2010年12月4日 神奈川県海老名市

# 潜水採餌ガモの雑種

**スズガモ×キンクロハジロ♂**
潜水採餌ガモでは最も見る機会が多い。背は濃い灰色で冠羽はコスズガモより長く突き出る。

**スズガモ×キンクロハジロ♂**
スズガモに近い個体。冠羽は短いが、コスズガモより大柄で翼帯は白い。

**スズガモ×キンクロハジロ♀**
♂より発見は難しい。キンクロハジロより大きめで、短い冠羽がある。

**ホシハジロ×キンクロハジロ♂**
スズガモ×キンクロハジロより少ない。虹彩は橙色で顔に赤み。

**ホシハジロ×キンクロハジロ♂**
キンクロハジロに近い個体。背から脇に灰色味。

**ホシハジロ×キンクロハジロ♀**
ヨーロッパで観察例がある。

**メジロガモ×ホシハジロ♂**
国内でも稀に観察される。

**メジロガモ×ホシハジロ♂**
ホシハジロに近い個体。

**メジロガモ×ホシハジロ♀**
メジロガモに似るが体が灰色。

**アカハジロ×ホシハジロ♂**
上のタイプに似るが大柄で嘴も長め。

**アカハジロ×ホシハジロ♂**
ホシハジロに近い個体。体の灰色が暗く、虹彩はピンク。

**アカハジロ×ホシハジロ♀**
アカハジロに似るが、脇に波状斑があり嘴の黒斑が大きい。

潜水採餌ガモ類も古くからさまざまな組み合わせの雑種が知られている。ただし通常見る機会はそれほど多くないので、個体差や年齢なども考慮しながら慎重に観察したい。

潜水採餌ガモの雑種

**アカハジロ×メジロガモ♂**
近年国内で観察例が増えている。頭部は赤と緑が混じる。

**アカハジロ×メジロガモ♂**
メジロガモに近い個体。頭部に緑色の光沢がある。

**キンクロハジロ×アカハシハジロ♂**
ヨーロッパで観察例がある。

**キンクロハジロ×メジロガモ♂**
ヨーロッパで観察例がある。

**キンクロハジロ×クビワキンクロ♂**
ヨーロッパで古くから観察例がある。

**キンクロハジロ×クビワキンクロ♀**
国内でも1例観察された。翼帯は灰色がかる。

**ミコアイサ×ホオジロガモ**
北海道とヨーロッパで観察例がある。

**ヒメハジロ×ホオジロガモ**
北海道と北米で観察例がある。

**ホオジロガモ×オウギアイサ**
北米で観察例がある。

**ホオジロガモ×キタホオジロガモ**
北米で観察例がある。翼のパターンも両種の中間で、雨覆にキタホオジロガモより細い黒線がある。

**キタホオジロガモ×オウギアイサ**
北米で観察例がある。両親の特徴を反映して、肩羽の白色部が小さい。

潜水採餌ガモの雑種

スズガモ×キンクロハジロ ♂生殖羽 br. 左のキンクロハジロより大きめで冠羽が短く、頭部は緑光沢が強い。肩羽は細かく密な波状斑に覆われ、スズガモより濃い灰色。2012年12月18日 千葉県富津市

スズガモ×キンクロハジロ ♂生殖羽 br. 冠羽はコスズガモより長く、この組み合わせの雑種に見られる典型的な頭の形。体上面は縞が細かく密で、濃い灰色に見える。2014年2月3日 千葉県長生村

スズガモ×コスズガモ? ♂1年目冬 1st win. 明確なキンクロハジロの特徴が見られないのでこの組み合わせの可能性を考えたが、スズガモ×キンクロハジロのスズガモ寄りの個体の可能性もある。翼帯はコスズガモのものではなかった。2014年2月3日 千葉県富津市

キンクロハジロ×ホシハジロ ♂生殖羽 br. キンクロハジロに近い個体だが、ホシハジロの影響で嘴基部が黒ずみ、先端の黒斑も広く、脇と体上面は灰色味がある。2010年1月30日 東京都江戸川区

キンクロハジロ×ホシハジロ ♂生殖羽 br. 虹彩は橙色で頭部は赤紫色。体上面は細かい波状斑が密にあり濃い灰色。両種の中間の特徴がよく表れている。1993年2月27日 東京都台東区

潜水採餌ガモの雑種

**スズガモ×キンクロハジロ** ♀冬 win. キンクロハジロやコスズガモより大柄でがっしりしている。短いながら冠羽があり、体上面が暗色な点はキンクロハジロの特徴が出ている。2010年1月30日 東京都江戸川区

**コスズガモ×クビワキンクロ** ♂生殖羽 br. 公園池でこの2種の混群中にいた。キンクロハジロのような冠羽はなく、代わりに後頭部が高くせり上がるクビワキンクロの特徴が強く出ている。2015年1月14日 アメリカ・ロサンゼルス

**クビワキンクロ×キンクロハジロ** ♀1年目冬 1st win. キンクロハジロより嘴先端の黒斑は大きめで、その内側の淡色帯とのコントラストが強い。頭や嘴の形状も両親の中間。2009年2月22日 東京都千代田区

**クビワキンクロ×キンクロハジロ** ♀1年目冬 1st win. 左と同一個体。翼帯は全体に灰色がかるものの次列風切は白っぽく、ちょうど両親の中間。2009年2月22日 東京都千代田区

**アカハジロ×ホシハジロ** ♂生殖羽 br. 脇と体上面はホシハジロの影響で波状斑があり灰色。メジロガモより大きく嘴が長い。虹彩は白と赤が混じっていた。1990年代前半冬季（日付不詳）東京都台東区

**アカハジロ×ホシハジロ** ♂生殖羽 br. ホシハジロの群の中で体の灰色が明らかに暗く見え、虹彩は白と赤の混合。嘴の青灰色部はホシハジロより大きい。1992年2月6日 東京都台東区

潜水採餌ガモの雑種

**アカハジロ×ホシハジロ♂生殖羽 br.** かなりアカハジロに近い個体だが、脇は広範囲が波状斑に覆われていて灰色味が強く、頭頂付近にわずかに赤味がある。翼帯は初列風切部分が純白でなく、アカハジロ♂にしては灰色味が強い。2014年12月15日 東京都文京区

**メジロガモ×アカハジロ♂生殖羽 br.** 近年観察例が増えている組み合わせ。頭部は赤味と緑色味が混じり、脇の前縁部はぼんやりと淡色だがアカハジロのような明確な白い食い込みではない。2015年1月11日 大阪府 大谷まち子

**ミコアイサ×ホオジロガモ♂エクリプス→生殖羽 ec.→br.** 大雨覆先端の白線は、ホオジロガモの特徴を反映してミコアイサより太い。2006年11月8日 北海道斜里町 渡辺義昭

**ミコアイサ×ホオジロガモ ♂生殖羽 br.** 頭や嘴の形、色など、随所に両種の特徴が混在している様子がわかる。2007年2月17日 北海道斜里町 渡辺義昭

# 参考文献・ウェブサイト

- Baker,K. 1993. Identification Guide to European Non-Passerines. British Trust for Ornithology, Norfolk
- Banks, Richard C. 1986. Subspecies of the Greater Scaup and their Names. Wilson Bulletin, 98（3）: 433-444.
  Wilson Ornithological Society, Ann Arbor
- Blomdahl,A. Breife,B. Holmström,N. 2003. Flight identification of European seabirds. Helm, London
- Brazil,M. 2009. Birds of East Asia: China, Taiwan, Korea, Japan, and Russia. Princeton Univ Pr Princeton
- Ferguson-Lees, J. Willis, I. Sharrock, JTR. 1983. The Shell Guide to the Birds of Britain and Ireland: Michael Joseph, London
- Gillham,E. and Gillham, B. 2002. Hybrid Ducks: The 5th Contribution Towards an Inventory. B.L. Gillham. Suffolk
- Gooders,J. and Boyer,T. 1986. DUCKS OF BRITAIN AND THE NORTHERN HEMISPHERE Dragon's World. Surrey
- Garner, M. 2014. Velvets, White-winged and Stejneger's Scoters PHOTO GUIDE Birdwatch・February 2014: 45-52.
- Gill, F & D Donsker（Eds）. 2015. IOC World Bird List（v 5.2）. doi : 10.14344/IOC.ML.5.2.
- Harris,A. Tucker,L. and Vinicombe, K. 1989. Macmillan Field Guide to Bird Identification. Macmillan press Ltd., London
- Madge, S. and Burn, H. 1988. Wildfowl An Identification Guide to the Ducks, Geese, and Swans of the World. Christopher Helm, London
- Ogilvie, M. Cusa, N. W. Scott, Peter. 1983. The Wildfowl of Britain and Europe Oxford University Press, New York
- Scott, P.1977.A Coloured Key to the Wildfowl of the World. W. R. Royle & Son Ltd, London.
- Svensson,L. Mullarney,K. and Zetterström,D. 2009. Collins Bird Guide 2nd edition Collins, London
- Van Grouw, H. 2013. What colour is that bird? The causes and recognition of common colour aberrations in birds. British Birds 106: 17–29.
- 氏原巨雄．1995．雄エクリプスと雌の見分け方 Birder 9（11）: 40-45.
- 真木広造・大西敏一・五百澤日丸．2014.『日本の野鳥650』．平凡社，東京
- 河井大輔・川崎康弘・島田明英．2013.『新訂 北海道野鳥図鑑』．亜瑠西社，札幌
- 日本鳥学会目録編集委員会，2012.『日本鳥類目録改訂第7版』．日本鳥学会，東京
- 文一総合出版 2015．黒い海ガモ Birder 29（3）: 46-48.
- 文一総合出版 2013．メジロガモとアカハジロ Birder 27（12）: 50-52.
- BirdLife International http://www.birdlife.org/（参照 2015-6）
- Distinguishing Eurasian and American Common Merganser. Sibley Guides. http://www.sibleyguides.com/2011/07/distinguishing-eurasian-and-american-common-merganser/（参照 2015-6-12）
- Flickr https://www.flickr.com/（参照 2010-2015）
- India Nature Watch http://www.indianaturewatch.net/index.php（参照 2015-6-12）
- Oriental Bird Images http://orientalbirdimages.org/（参照 2015-6-12）
- Slater Museum of Natural History Wing & Tail Image collection（参照 2010-2015） http://digitalcollections.pugetsound.edu/cdm/landingpage/collection/slaterwing
- Species, Age and Sex Identification of Ducks Using Wing Plumage http://www.drundel.com/hunt/duckplum/（参照 2010-2015）
- Xeno-canto http://www.xeno-canto.org/（参照 2015-6）

# 索引

## ア
アイガモ　88
アカツクシガモ　39
アカハシハジロ　166
アカハジロ　188
アカシマアジ　98, 102
アカノドカルガモ　89
アヒル　26, 88
アメリカオシ　43
アメリカコガモ　138, 144
アメリカヒドリ　72, 78
アメリカビロードキンクロ　244, 245, 247
アメリカホシハジロ　183
アラナミキンクロ　240
ウミアイサ　286
オオホシハジロ　177
オウギアイサ　277
オカヨシガモ　51
オシドリ　42
オナガガモ　26, 30, 110

## カ
家禽　26
カルガモ　90
カワアイサ　280
カンムリツクシガモ　41
キタホオジロガモ　269
キンクロハジロ　26, 30, 203
クビワキンクロ　197
クロガモ　250
ケワタガモ　226
コウライアイサ　291
コオリガモ　255
コガモ　30, 131, 144
コケワタガモ　223
コスズガモ　217

## サ
雑種　147, 296

色彩異常　26
シノリガモ　235
シマアジ　117
水面採餌ガモ　4~7, 29, 32~163
スズガモ　29, 210
潜水採餌ガモ　8~15, 29, 166~300
潜水採餌ガモの雄化　164

## タ
ツクシガモ　34
トモエガモ　124

## ナ
ナンキンオシ　49
ニシクロガモ　251, 252
ニシビロードキンクロ　244, 245, 247

## ハ
ハシビロガモ　24, 103
バリケン　26
ヒドリガモ　65, 78
ヒメハジロ　260
ビロードキンクロ　244
ホオジロガモ　29, 264
ホシハジロ　26, 171
ホンケワタガモ　229

## マ
マガモ　82
ミカヅキシマアジ　97
ミコアイサ　272
メガネケワタガモ　233
メジロガモ　193

## ヤ
雄化個体　157
ヨシガモ　22, 29, 58

## ラ
リュウキュウガモ　32

# あとがき

「初心者にとっては最も入りやすく、ベテランにとってはどこまでも奥が深い」―カモ観察の魅力をあえて一言で表現するならこういうことになるだろう。金緑色に輝くナポレオンハットを被ったようなヨシガモ、道化師のようなシノリガモ、パンダのようなミコアイサ、チョンマゲ頭のキンクロハジロなどなど、カモの雄たちはどれも色とりどりで美しく個性的だ。その一方で、まるで落ち葉と枯草のモザイクを見ているかのような、雌やエクリプス、幼鳥、そしてそれぞれの換羽中の姿―これらの識別に挑戦するという、なかなかに渋くて玄人好みの側面もふんだんに持ち合わせているのがカモ観察でもあるのだ。

そんなカモ観察の奥義をぎっしり詰め込んだ識別図鑑をいつか作りたい―この父との長年の夢が、この度ようやく実を結ぶ運びとなったが、そこには数えきれないほど多くの方々のお力添えがあった。この図鑑の執筆に際して、沢山の貴重な参考写真を提供していただいた渡辺義昭氏、一部の種について文献の紹介や貴重なご助言をいただいた小田谷嘉弥氏、大西敏一氏、また筆者ら未撮影等の種の写真を快くご提供くださった皆様、さらにはインターネット等を通じて日頃の貴重な観察の成果を公開してくださっている全国各地のすべてのカモ観察者の皆様にも深く感謝いたします。最後に誠文堂新光社との縁を取り持って下さった杉元明日子氏と、編集担当の西尾智明氏にあらためて厚く御礼申し上げます。

氏原道昭

写真提供………氏原良子、大谷まち子、小原伸一、杉元明日子、
　　　　　　　武田彩織、西川正昭、米持千里、渡辺義昭、A.K.

協力……………樹商事株式会社（分布図）

## 著者プロフィール

**氏原巨雄**（うじはらおさお）
1949年、高知県高知市生まれ。神奈川県川崎市在住。
日本画の勉強の過程で鳥に興味を抱き、次第に鳥の観察に傾倒していく。鳥をおもな題材とした絵画展を12回開催。
1987年、『鳥630図鑑』(日本鳥類保護連盟)のチドリ目などのイラストを担当、鳥類画家としてイラスト執筆を始める。
主な著書に『カモメ識別ハンドブック』『シギ・チドリ類ハンドブック』『オオタカ観察記』(文一総合出版)がある。
本書では水面採餌ガモを担当。

**氏原道昭**（うじはらみちあき）
1971年高知県高知市生まれ。神奈川県川崎市在住。
小学校低学年時より野鳥観察とスケッチを始め、とりわけシギ・チドリ、カモ、カモメを中心とする水鳥類の識別に打ち込む。
東京都立芸術高等学校油画科を卒業後、鳥類画家として個展開催等の活動を経て、父、巨雄との共著で『カモメ識別ハンドブック』『シギチドリ類ハンドブック』(文一総合出版)のイラストと解説を手掛ける。
2000年頃からはインターネットを通じた識別の基礎資料の蓄積や共有にも力を入れている。
本書では潜水採餌ガモを担当。

---

日本産カモの全羽衣をイラストと写真で詳述
### 決定版 日本のカモ識別図鑑　　　NDC488

2015年11月10日　発　行
2022年 2 月 1 日　第 6 刷

| | | |
|---|---|---|
| 著　者 | 氏原巨雄・氏原道昭 | |
| 発行者 | 小川雄一 | |
| 発行所 | 株式会社　誠文堂新光社 | |
| | 〒113-0033　東京都文京区本郷3-3-11 | |
| | 電話 03-5800-5780 | |
| | https://www.seibundo-shinkosha.net/ | |
| 印　刷 | 広研印刷 株式会社 | |
| 製　本 | 和光堂 株式会社 | |

© Osao Ujihara & Michiaki Ujihara. 2015　　　　Printed in Japan

本書掲載記事の無断転載を禁じます。

落丁本・乱丁本の場合はお取り替えいたします。

本書の内容に関するお問い合わせは、小社ホームページのお問い合わせフォームをご利用いただくか、上記までお電話ください。

JCOPY 〈(一社)出版者著作権管理機構 委託出版物〉
本書を無断で複製複写（コピー）することは、著作権法上での例外を除き、禁じられています。本書をコピーされる場合は、そのつど事前に、(一社)出版者著作権管理機構（電話 03-5244-5088／FAX 03-5244-5089／e-mail:info@jcopy.or.jp）の許諾を得てください。

ISBN978-4-416-71557-4